辣椒穴盘育苗

将育苗基质装盘

辣椒穴盘苗

辣椒穴盘苗

温室辣椒地膜覆盖栽培

辣椒整枝(立横栏)

甜(辣)椒搭支架

大棚甜(辣)椒结果前

温室甜椒结果期

大棚越夏栽培

科技兴农富民培训教材

棚室辣椒高效栽培教材

编著者
李青云　王丽萍

金盾出版社

内 容 提 要

为了贯彻党中央关于加强农民技术培训的指示精神，帮助农民更好地依靠科技致富奔小康，金盾出版社与河北农业大学科教兴农培训中心共同策划，选择农民致富最常见的农业技术项目，约请热心农技推广的专家、教授编写，出版了这套“科技兴农富民培训教材”，共20分册。该套教材从现阶段农村技术需求和农民的文化技术基础出发，较好地体现了农村短期技术培训的特点和金盾版农业图书通俗、实用、价廉的特色。这套教材的出版，得到了河北省扶贫开发办公室和联合国教科文组织国际农村教育研究与培训中心的热情支持。

本书是这套培训教材的一个分册，内容包括：适用棚室类型，育苗床的种类与选择，适宜棚室栽培的辣椒优良品种，塑料薄膜大棚、日光温室辣椒栽培技术，辣椒生理障碍及主要病虫害防治等。适合作为科技下乡培训教材和农民自学读本。

图书在版编目(CIP)数据

棚室辣椒高效栽培教材/李青云，王丽萍编著．—北京：金盾出版社，2005.4

科技兴农富民培训教材

ISBN 978-7-5082-3492-2

Ⅰ.棚…　Ⅱ.①李…②王…　Ⅲ.辣椒-温室栽培-技术培训-教材　Ⅳ.S626

中国版本图书馆CIP数据核字(2005)第004858号

金盾出版社出版、总发行

北京太平路5号(地铁万寿路站往南)

邮政编码：100036　电话：68214039　83219215

传真：68276683　网址：www.jdcbs.cn

彩色印刷：北京凌奇印刷有限责任公司

黑白印刷：北京兴华印刷厂

装订：双峰装订厂

各地新华书店经销

开本：787×1092 1/32　印张：3.625　彩页：4　字数：76千字

2010年4月第1版第5次印刷

印数：40001—48000册　定价：5.00元

致　辞

世界二分之一以上的人口以及三分之二以上的贫困人口生活在农村地区。中国是世界上农业人口最多的国家，据2000年11月1日普查，乡村人口占63.91%。中国政府始终把农民脱贫致富看作是关系到国民经济能否持续、稳定发展的大问题。

近几十年来，中国农村中小学教育的发展，使农村劳动力的受教育水平有了显著的提高，但与城市居民相比，中国农民受教育程度总体上还不高，科学文化素质较低。随着农业经济的发展，农民迫切希望获得有关经济作物种植技术、农产品加工、家畜饲养等多方面的科技知识。而那些渴望摆脱贫困走向富裕的农民，更是急切地企盼通过便捷的学习新科学技术的途径，迅速发家致富。但他们缺乏与农业技术推广部门的沟通，也很少有机会得到专项培训和与公共服务部门的接触。

当前中国农业推广事业的发展，还没能使技术在农民增收中发挥最大作用，"科技兴农富民培训教材"系列图书的出版，为农民培训提供了丰富而可供选择的教材，使广大农民能够从中学到既先进又实用的新知识、新技术、新信息，这是一件提高农民素质，引导农民科学经营农业，不断增加收入的基础性、公益性益举。

国际农村教育研究与培训中心是中国政府和联合国教科文组织合作建立在中国的国际教育机构。自1994年成立以来，始终致力于农村教育思想、方法、技术的国际研究与传播，促进教科文各会员国之间对农村地区人力资源开发政策和战略的磋商与合作。河北农业大学科教兴农中心一直是我们密切合作的伙伴。他们情系农民、农村，心系农业创新与发展，始终如一。现在他们组织的“科技兴农富民培训教材”出版了，可喜可贺。愿该系列图书不仅给中国也给其他可适用国家和地区的农民带来切实的经济效益。

联合国教科文组织
国际农村教育研究与培训中心

2004 年 12 月 30 日

序

当前,我国已经进入建设全面小康社会和加快推进社会主义现代化建设新的历史时期。解决好“三农”问题,直接关系经济社会的持续、快速、健康发展。党中央、国务院高度重视“三农”工作,把解决好“三农”问题作为全党和全部工作的重中之重,制定了一系列惠农政策,实行城乡统筹,加大对“三农”的投入力度。

农民增收是“三农”问题的核心。增加农民收入,必须大力拓宽农民就业渠道,加快农民向非农产业转移步伐,逐步减少农民数量。加强农民培训,使广大农民尽快掌握科技文化知识和生产技能,提高农民素质,是扩大农民就业、实现农民增收的重要途径。当前,科技发展日新月异,科技进步对推动经济社会发展的作用日趋突出。增强农业农村经济市场竞争力,推进农村小康建设,必须加大农业科技推广力度,促进科技进村入户,提高农民运用科技增收致富的本领。

河北省扶贫开发办公室和河北农业大学联合组织编写的这套《科技兴农富民培训教材》系列丛书,以培训农民为对象,以种植业、养殖业致富实用技术为重点,通俗易懂,简便易行,针对性、实用性、可操作性都很强，是农民脱贫致富的金钥匙。丛书的出版发行，对我省农业、农村经济发展必将起到有力的推动作用。

预祝“丛书”的出版发行取得圆满成功。

2005 年 3 月 16 日

注：宋恩华同志现任河北省人民政府副省长

科技兴农富民培训教材编辑委员会

通信地址：河北省保定市河北农业大学园艺学院
邮政编码：071001
咨询电话：0312—7528304

目　录

第一章　适用棚室类型

甜(辣)椒对棚室生产条件有较好的适应性，而且在棚室栽培条件下，病毒病发生轻，果实品质好，优质高产，生产效益高。在我国北方地区，多以日光温室和塑料薄膜大、中棚等棚室栽培为主。由于塑料薄膜大棚栽培投资相对较少，其性能又优于中棚和小棚，加上甜(辣)椒在棚膜遮荫覆盖下可顺利越夏栽培，生产风险小，产品上市期长，效益显著，因此，在甜(辣)椒棚室生产中，塑料薄膜大棚的生产面积最大。温室保温性强，通过优化构型、采用多层覆盖等保温措施，温室仍是冬季生产甜(辣)椒的主要设施。由于保护设施结构的好坏直接影响采光、保温性能，进而制约着棚室小气候条件，对蔬菜生产影响很大，而且保护设施一次投资，多年使用，一旦发生结构偏差，很难补救。因此，选择并建造适宜类型的大棚和日光温室，是甜(辣)椒棚室生产能否成功的关键。

一、塑料薄膜大棚

用竹木、钢材(钢管或线材)等材料支成拱形或屋脊状骨架覆盖薄膜而成的保护设施称为塑料薄膜拱棚。根据高度和跨度的不同，塑料薄膜拱棚又分为大棚、中棚和小棚。一般棚高在 1.5 米以上、跨度在 6 米以上的拱棚叫大棚。大棚的棚高多在 2～2.5 米，跨度 8～14 米，长30～60米，占地 300～667 平方米(667 平方米即 1 亩，下同)，是生产上应用广泛的一种保护设施。在大型保护设施中，大棚结构简单，当年投资少，有效栽培面积大，作业方便，与露地生产相比，大棚生产具有较好的抗灾能力，可提早或延迟收获，增产增收效果明显。目前生产上应用的大棚，依建造材料分为竹木结构大棚、钢筋结构大棚和钢筋竹木混合结构大棚和钢管大棚四种。此外，在河北省中南部地区，有很多菜农利用钢筋水泥制成大棚骨架，投资少，坚固耐用。现就生产上常用的大棚类型与结构作简要介绍。

（一）竹木结构大棚

竹木结构大棚又称多柱式竹木结构大棚，是目前广泛使用的类型（图 1）。跨度 8～14 米，棚中间高 2～2.5 米，长 30～60 米，南北延长，每栋占地 300～667 平方米。骨架由“三杆一柱”即立柱、拉杆、拱杆和压杆（或压膜线）组成。以直径 3～5 厘米的竹竿或竹片为拱杆，拱杆间距 1 米，每排拱杆由 5 根立柱支撑。骨架的立柱采用竹竿、木杆或水泥预制柱。拱杆上覆盖塑料薄膜，两拱杆间压竹竿或 8 号铁丝固定棚膜。门设在大棚的两端，作为出入口及通风口。一般早春在门的下半部设塑料门帘，以防开门时冷风吹入伤苗。由于建造大棚的材料是竹竿、竹片、杂木等，来源广泛，可就地取材，成本低，拱杆又由多柱支撑，比较牢固，故容易推广。缺点是竹木易腐，使用年限短，一般为 2～3 年；棚内立柱多，遮光严重，作业不方便，更不适宜机械作业。

（二）悬梁吊柱式竹木结构大棚

这种结构的大棚是在多柱式大棚结构基础上改进而成的（图 2）。为了减少纵向立柱的数量，可用钢筋或铁丝做成悬索梁，拉紧固定在立柱上。跨度 11～13 米，高 2～2.5 米，长度 50～60 米。每隔 2～3 个拱杆设一排立柱。用木杆或竹竿代替钢筋作为纵向拉梁把立柱连成一体。两根立柱间的悬索梁上

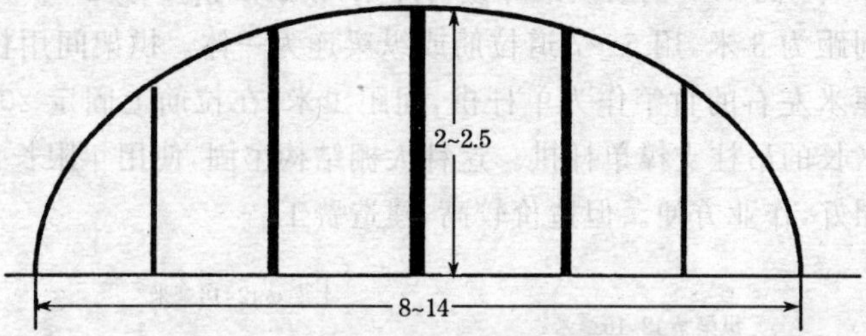

图 1 竹木结构大棚 (单位:米)

立小支柱,用以支撑每个间隔的拱杆,俗称“悬梁吊柱”。特点是减少了部分立柱,遮光减少,省建材,造价降低,具有较强的牢固性。

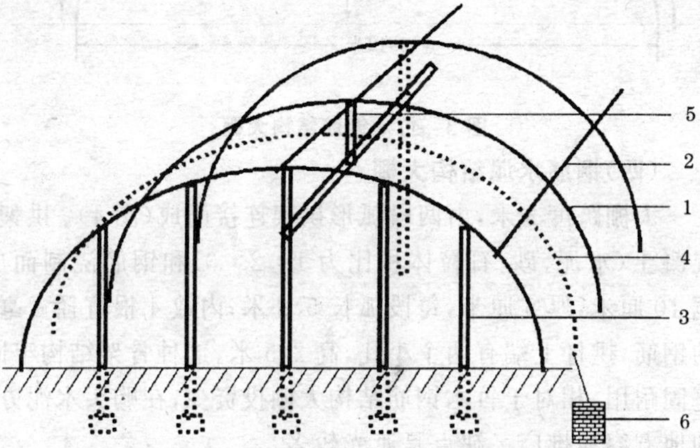

图 2 悬梁吊柱式竹木结构大棚

1. 拱杆 2. 拉杆 3. 立柱 4. 压膜线 5. 小吊柱 6. 地锚

(三)竹木钢筋结构大棚

这种大棚的跨度 10~12 米,高 2.5~2.7 米,长度 40~

60 米(图 3)。钢筋拱架焊接为片架,钢筋规格参考图 3。拱架间距为 3 米,用 5~7 道拉筋或纵梁连为一体。拱架间用粗 3 厘米左右的竹竿作为单杆拱,间距 1 米,在拉筋上固定 20 厘米长的吊柱支撑单杆拱。这种大棚结构牢固,使用年限长,光照好,作业方便。但造价较高,建造费工。

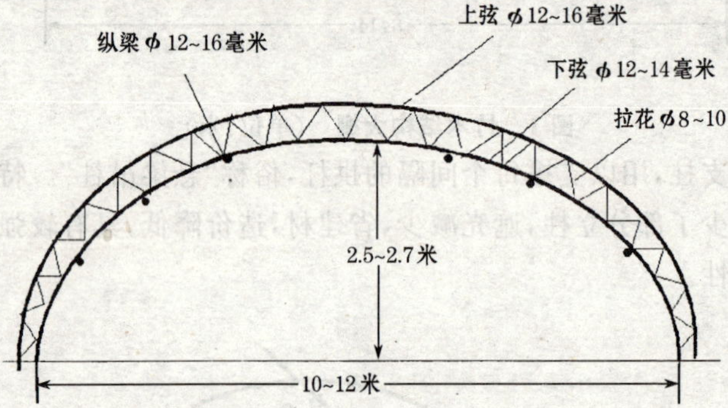

图 3　竹木钢筋结构大棚

(四)钢筋水泥结构大棚

大棚跨度 8 米,由两段弧形拱架连接而成(图 4)。拱架用混凝土(水泥、砂、石粒体积比为 1∶2∶3)和钢筋浇制而成,宽 10 厘米,厚 5 厘米,每段弧长 5.8 米,内放 4 根直径 4 毫米的钢筋,拱杆上端有两个小孔,高 2.5 米。这种骨架结构牢固,坚固耐用,相对于竹木钢筋结构大棚投资少,在购买水泥方便的地方容易推广。缺点是遮光较多。

二、日光温室

通常把那些主要依靠太阳辐射热作为热量能源(包括夜

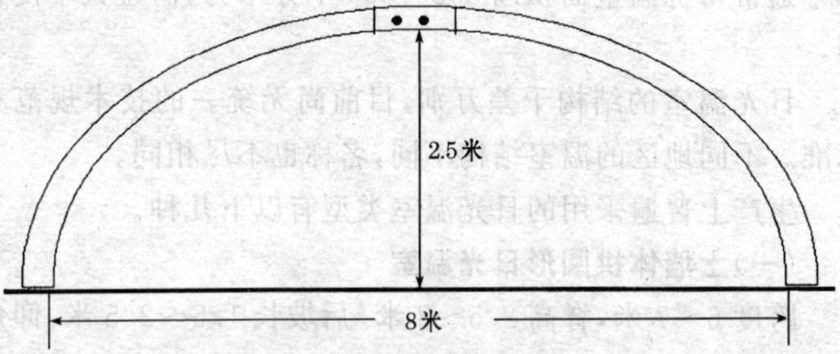

图 4 钢筋水泥结构大棚

间)的温室叫做日光温室。塑料薄膜日光温室气密性强,冬季采光、保温性能好,抗雪压能力强,便于外覆盖保温,适合我国北方地区冬季和早春蔬菜生产。由于甜(辣)椒属于喜温蔬菜,所以冬季生产时应采用高效节能型日光温室,如辽宁省海城市感王镇日光温室、河北永年改进式日光温室、山东寿光保温型日光温室等。其高效,是指产值高、效益好;其节能,是指冬季不加温(北纬 40°以南地区)或简单加温(北纬 40°~43°地区)就能生产喜温果菜。高效节能型日光温室的出现,不仅推动了我国“菜篮子工程”的迅速发展,也为农民奔小康开辟了新路。尤其是山东寿光的温室,保温性能好,在深冬季节生产甜(辣)椒产量高、效益好,目前在我国北方地区推广很快。

日光温室甜(辣)椒栽培成功与否,一个重要因素是温室结构和性能是否符合要求。尤其是用于冬季蔬菜生产的温室,必须具备良好的保温性能和光照条件,才能满足甜(辣)椒生长发育的需要。华北地区冬季寒冷,冻土层厚,冬季栽培甜(辣)椒的温室结构应符合以下参数:跨度 6~7 米,脊高 2.2~3.3 米,温室长度不小于 30 米。后墙和山墙厚度 0.6~2 米,后墙高 1~1.8 米,后坡厚 0.5 米以上,后坡仰角 30°~

40°。通常每栋温室面积以333～600平方米为宜，过大不便管理。

日光温室的结构千差万别，目前尚无统一的技术规范和标准。不同地区的温室结构不同，名称也不尽相同。

生产上普遍采用的日光温室类型有以下几种。

（一）土墙体拱圆形日光温室

跨度6～7米，脊高2.5～3米。后坡长1.5～2.5米，仰角32°～40°，由柁、檩和保温材料构成，厚度0.5～0.6米。前屋面为1/4圆形、1/4椭圆形、抛物线形或弧面形，屋面基角60°左右，中部20°～30°，上部为10°～15°。山墙和后墙由土筑成，厚度0.6～1米，后墙高1～1.5米。近年来，山东寿光的日光温室保温性能好，后墙厚达6～7米，山墙厚2米左右。拱杆间距0.5～1米。

目前，生产上建造的日光温室，墙体以土墙居多。这种温室保温效果较好，建土墙用土可以就地取材，一次性投入少，建造简单，成本低廉，对于大多数经济收入不多的农户较为实用。土墙最好以粘土或重粘土为主要原料，还可以掺入麦秸、稻草构成泥筑墙。为了提高土墙的强度，增强耐水性和减少干缩裂缝，可加入适当的填料，如石灰、秸秆、沙子、炉渣等。干打垒的土墙，应注意密度，一定要夯实。

土墙体拱圆形日光温室根据建筑材料的不同，又分为许多类型，目前在生产上采用的性能较好的有以下几种。

1. 永年式日光温室　20世纪80年代初期，河北省永年县引进感王式日光温室后，在保留其基本样式的基础上，改进设计出永年日光温室。此温室增加了中屋脊和后墙的高度，调整了前后坡在地面的水平投影宽度比，一般内跨5～6米，后坡水平投影1.6～2米，也称为永年2/3式日光温室。这种温室适合于河北省中南部、山东省大部、河南省大部地区。我国大部分地区11月份至翌年4月份日照时数不少于650小时，日照率不低于50%，极端最低气温在－20℃左右，均适宜建造永年式日光温室。在严寒冬季，温室内气温一般不低于8℃，可用于冬季生产喜温的果菜类蔬菜，如甜(辣)椒等。

永年式日光温室属于长后坡矮后墙日光温室，土地有效利用面积小，后坡遮光多，近年也在不断改进中。

2. 高邑Ⅰ型日光温室 河北省高邑县引进外来温室后，经多年适应性改造，形成了适应当地气候的高邑Ⅰ型日光温室(图5)。前屋面采光角29.8°，后坡仰角35°，后墙底部厚度为2米，顶部厚度为1米。该温室骨架采用三角形钢筋拱架和竹竿，其中每隔3～4个竹竿使用一道钢筋拱架，增强前屋面的支撑力，前屋面下不设立柱，温室内采光好，空间大，操作方便。后坡内侧用粗木做檩，上面是整捆的玉米秸保温层，最上面覆土保温。栽培畦面低于地面40～60厘米，充分利用地温相对较稳定的特点，冬季一般天气可保证最低温度在8℃以上。

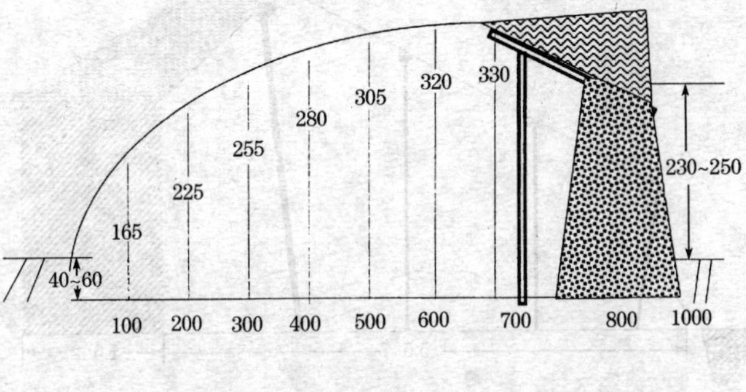

图5 高邑Ⅰ型日光温室 (单位:厘米)

3. 寿光型日光温室 寿光型日光温室是我国目前日光温室性能较好的一类。此类温室建造的关键是增加了后墙和山墙的厚度，后墙下底宽有的达到 6～7 米，上底宽 2 米，后墙高达 3.5 米左右，山墙厚 2 米，也称短后坡高后墙日光温室。温室内的栽培床为半地下式，深度达 0.5～0.7 米。在草苫外又覆盖一层塑料薄膜，大大增加了保温性能。但是造价也高于其他类型。后墙修筑用铲车，并用压路机压实而成，墙体厚，结构牢固。在结构性能上，寿光型日光温室加高了后墙，缩短了后坡，改善了室内的光照条件，因此提高了室内的地温和气温，具有良好的保温性能。由于后墙比较高，后坡短，作业方便，最适合冬季果菜类生产，如可在深冬季节生产黄瓜、甜(辣)椒、五彩椒等喜温的果菜，产量高，效益好。寿光型日光温室的主要创新点是增加了墙体厚度，抬高了屋脊，加大了屋面角度。

但是在生产上，这种温室占地面积过大，土地利用率较低，从经济的角度出发，后墙的厚度以顶部达到 1 米、底部在 1.5～2 米之间即可(图 6)。如冬季室内温度仍然不够，可通过

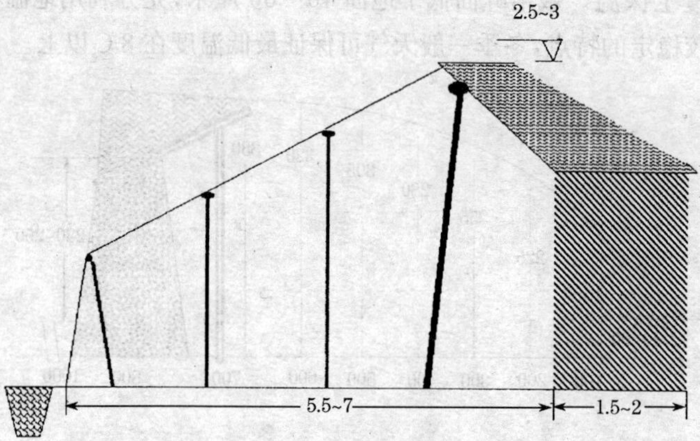

图 6　竹木结构日光温室　(单位:米)

在后墙外堆防寒土的方法解决，其他季节撤去防寒土，这样可最大限度地利用温室之间的土地。

4. 廊坊40型温室 廊坊40型温室是在寿光型日光温室的结构上加以改进而成。适于北纬40°的地区冬季生产喜温性蔬菜。其保温效果好，生产效益高。温室内部跨度7.25米，脊高3.5米，前屋面角23°；后墙高2.5米，上底宽2米，下底宽4.5米，山墙厚2米；半地下式，畦面在地下40厘米处。采用无柱拱架结构，每隔3道竹竿设一个三角形钢筋拱架，增强拱架的支撑力。厚墙体用推土机堆砌并反复压实，尤其要压实地基。廊坊40型温室可在深冬季节生产越冬一大茬的喜温性蔬菜，如甜(辣)椒、黄瓜、番茄等。

5. 无前柱钢木混合结构日光温室 建造方法与竹木结构日光温室相似。不同之处是室内立柱减少，或不设立柱。每间增加一钢筋加强拱架，纵梁由4～6道8号铁丝取代，拉紧固定于山墙外的地锚上，中间固定在钢筋加强架上。单杆拱为竹片，由铁丝支撑，铁丝与拱杆之间用小短木或三角形钢筋支撑叉等支牢(图7)。这种温室采光好，作业方便，易建造，成本低，目前为很多菜农采用。

6. 钢筋拱架结构日光温室 温室跨度较大，屋脊较高，拱杆由钢筋花架取代。拱架所用钢筋规格：上弦为直径16毫米，下弦为直径14毫米，拉花为直径12毫米。拱架间距0.6～0.8米，拱架间用直径16毫米的钢筋连接固定。这种温室结构较坚固，采光较好，保温性能优良，作业方便，使用寿命长，但建造成本高。

7. 无后坡日光温室 跨度5～6米，脊高2～2.3米，没有后坡，拱杆直接搭在后墙上，多为竹木结构(图8)。这种温室投资少，易建造，但保温性差，只能进行春早熟栽培和秋延后栽培。

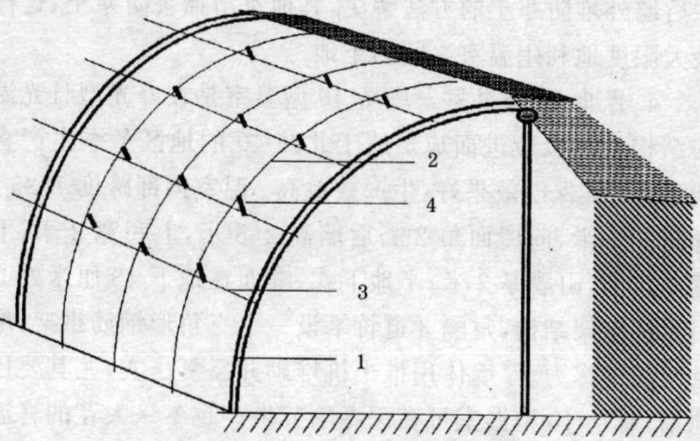

图 7　无前柱钢木混合结构日光温室

1. 钢筋拱架　2. 拱杆　3. 纵梁(单片花梁)　4. 支撑叉或柱

(二)土砖结合拱圆形日光温室

1. 土砖结合日光温室的墙体　这种日光温室的墙体由土砖结合建成,更加坚固耐用。建造墙体的砖,除有实心砖外,还有空心砖。空心砖增加了孔洞,提高了保温能力。承重能力反而比普通砖高出许多。

用砖砌墙体,墙体的厚度应不小于 60 厘米,而且要砌成空心墙,由两个“二四墙”组成。空心的宽度在 0.12 米以上。这种具有空心夹层的砖墙白天吸热,并将一部分热量贮存于墙体之中,起到保温作用。为了进一步提高保温效果,墙体空心可用隔热效果好的珍珠岩、炉渣、木屑、蛭石等填充,组成复合墙体。其中以珍珠岩和蛭石为好,因其质轻,不易引起砖墙变形。目前,河北省一些地区在砖墙体内填入硬泡沫聚苯乙烯板作隔热材料,保温效果好,但投资较大。据研究,在华北及东北地区建造高效节能日光温室,其复合墙体的热阻值应在1.1～

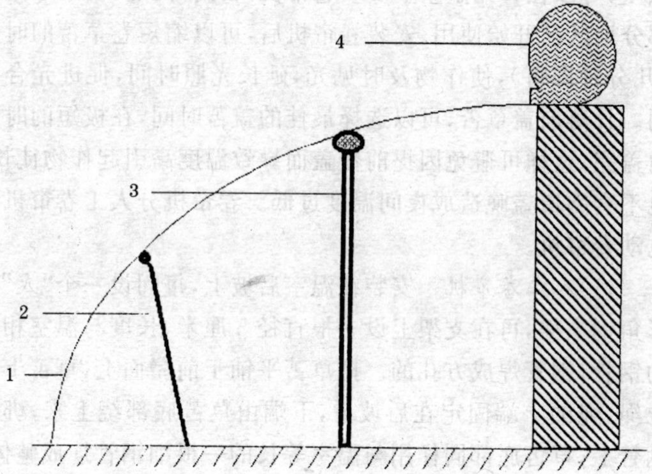

图 8　无后坡日光温室

1. 拱杆　2. 前立柱　3. 中柱　4. 草苫

1.6 或以上。符合上述标准的复合墙体热阻可参考表 1。

表 1　不同结构墙体的热阻　(周长吉,1999)

序　号	墙体结构(内→外)	热阻(m²·℃/W)
1	砖 12cm＋珍珠岩 12cm＋砖 24cm	2.21
2	砖 12cm＋干土 12cm＋加气砖 24cm	1.21
3	砖 12cm＋炉渣 12cm＋加气砖 24cm	1.15
4	砖 24cm＋干土 12cm＋砖 24cm	1.11
5	砖 24cm＋珍珠岩 12cm＋砖 24cm	2.37
6	砖 24cm＋干土 12cm＋加气砖 24cm	1.37
7	砖 12cm＋炉渣 12cm＋加气砖 24cm	1.31

2. 卷帘机　为了提高劳动效率,减少人工拉草苫的劳动

强度，可以在日光温室上安装卷帘机。目前，河北、山东等地的部分地区已开始使用。安装卷帘机后，可以缩短卷草苫的时间（几分钟即可），使作物及时见光，延长光照时间，促进光合作用。日落前盖草苫，可以选择最佳的盖苫时间，在极短的时间内盖完，这样可避免因提前覆盖而导致温度高引起作物徒长，也不会因覆盖晚造成夜间温度过低。卷帘机分人工卷帘机和电动卷帘机。

（1）人工卷帘机　安装在温室后坡上，每间设一个"人"字形角钢支架，再在支架上设一根直径 5 厘米、长度与温室相等的钢管，钢管焊成方孔的。把草苫平铺于前屋面上，草苫下放拉绳，绳的上端固定在后坡上，下端由草苫底部绕上来，绑在钢管上，草苫底部同样用与温室等长的一根细钢管连成整体。两个人分别在钢管两端用摇把插入方孔中同时摇动，即可卷放。

（2）电动卷帘机　在温室的中部安装一台电动机和减速机，可以带动长 50～60 米的温室草苫。为防止停电，在钢管的两端及中央焊三根圆钢，做成扳手，这样停电时，可人工卷起草苫。使用卷帘机的温室长度以 50～60 米为宜。如果温室过长，可将草苫从中间断开，焊接两个卷帘机，分两部分卷放。利用电动卷帘机揭、盖草苫比人工卷帘机速度更快，可大大提高工作效率，在目前以及今后可有大的发展空间。

（三）微拱琴弦式日光温室

微拱琴弦式日光温室是一斜一立式日光温室的一种类型（图 9）。采用竹竿做拱杆，前屋面覆盖塑料薄膜，建造比较容易。辽宁海城市的感王镇和瓦房店市最早采用此类温室，目前，山东、河南等地应用该温室的面积也较大。

琴弦式日光温室跨度 6～7 米，前屋面不设立柱和纵梁，

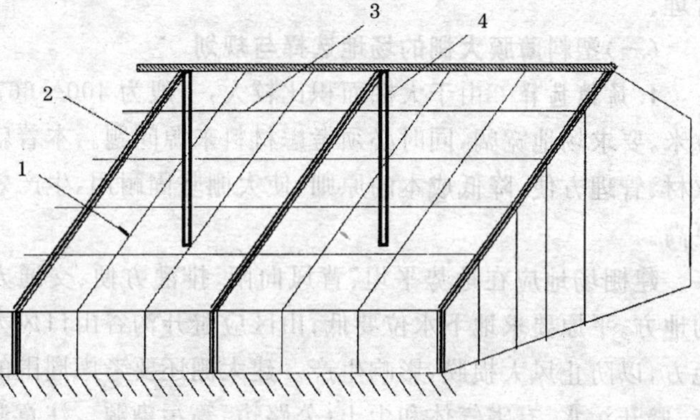

图 9　微拱琴弦式日光温室

1. 拱杆　2. 钢架或粗竹竿　3. 横拉 8 号铁丝　4. 立柱

每隔 3 米设一钢材加强架或粗材(竹竿或木杆)加强架，在加强架上按 0.8 米距离横向拉 5～6 道 8 号铁丝，拉紧后两端分别固定在墙外的地锚上。此种日光温室的优点是建材截面小，用木杆或钢管做的棚架数量不多，遮荫面小，温室内光照充足，空间大，作业方便，保温好，在冬季栽培果菜类容易成功。

三、棚室选址与田间布局

棚室在设计与建造时，除要考虑其小气候是否能满足蔬菜生育的要求、结构是否牢固(即抗风、雨、雪灾害能力和使用寿命)、投资成本等，还要考虑棚室的选址和田间布局。棚室等保护地设施理想场地应以获取最大的太阳辐射量为目的，要求场地空旷，没有高大建筑物或树木遮荫，最好地势平坦。在冬季，迎风面最好有天然屏障物，如山丘、房屋、防风林等，以减少寒风侵袭。不可在窝风的地方修建棚室，这样不利于通风管理。

(一)塑料薄膜大棚的场地选择与规划

1. 场地选择 由于大棚面积比较大,一般为400~667平方米,要求场地宽阔,同时必须考虑材料来源问题。本着就地取材、管理方便、降低成本的原则,使大棚坚固耐用,生产效益更高。

建棚场地应在地势平坦、背风向阳、排灌方便、交通方便的地方。平原要求地下水位要低;山区应避开沟谷山口风大的地方,以防止风大损膜,影响生产。建大棚还要考虑周围的环境,避开污水、有害气体和尘土(公路边)等污染源。注意避开高压线、地下管道等。

2. 棚群布局 建造大棚时,若要规模发展,应进行合理规划,统一安排,以减少和避免土地浪费,也便于集中管理。在建造大棚群时,应使棚间并排距离为2~2.5米,头间距4~6米,其间设道路和灌水沟,以有利于运输和通风换气,避免遮荫。还应注意,南北延长的大棚,前后排应交替布置,以免形成人为风口。

3. 大棚方向 棚向要根据地形、地块的大小等条件确定。南北延长的大棚光照分布较均匀,作物长势均匀一致;东西延长的大棚,中午光照条件好,但大棚南北两端光照差异大,北侧光照明显弱,作物产量低,常有落花落果现象。所以,一般认为大棚走向以南北延长为好。若受地形限制,也可建造东西延长的大棚。不论东西延长还是南北延长,都要尽量避免斜向建造。

4. 大棚弧度、高跨比及面积 大棚的稳固程度主要取决于建材、塑料薄膜的质量以及压膜线的牢固程度,也与大棚的形状和高跨比有关。大棚拱形棚面的高度(不含棚肩高度)与跨度的比值，叫高跨比。若大棚高跨比不合理，棚面过平，则薄膜难以压紧，易被风鼓起而损害。在一些风大的地方还易出现“飞棚”现象，造成很大的经济损失。

合理的高跨比具有较强的抗灾（抗风、雨、雪）能力。跨度小时，棚面弧度小，掠过棚面的风速快，大棚抗风能力就差。跨度一定时，最高点越高，越有利于雨水下流和积雪扫除下滑，棚内温度变化幅度较小；但最高点过高，早春升温缓慢，热空气上浮，不利于早熟栽培。实验证明，华北地区合理的高跨比为 0.25～0.3。当高跨比为 0.25 时，跨度为 12 米的大棚，棚高应为 3 米；而跨度为 10 米的大棚，棚高应为 2.5 米。棚面弧度呈自然拱形，肩部的高度以人低头后可自由操作为宜，一般肩高 1.2～1.5 米。

大棚的跨度受建造材料和栽培管理的制约。竹木结构大棚跨度以 12～14 米为宜，钢材骨架大棚可略窄些，为 10 米左右。大棚跨度超过 15 米会影响抗风、雨、雪等灾害性天气的能力，通风效果也降低。装配式薄壁镀锌管骨架大棚的跨度以 6～8米为宜。

大棚的长度与稳定性也有密切关系。相同的大棚面积，长度越长，地面固定部分也越多，大棚的稳定性越强。但大棚过长，棚膜不易拉紧，进出运输及管理不方便，小气候不易调控均匀。一般以长宽比等于 5 为好。因此，大棚的长度以 40～60 米、面积以 400～800 平方米为宜。

（二）日光温室的场地选择与规划

日光温室蔬菜生产投资较大，且多为连片发展，现在一些大企业也对设施蔬菜生产投入巨资，以设施为主的蔬菜科技园区、无公害蔬菜生产园区和农业高新技术园区与日俱增。因此，日光温室的场地选择和合理规划至关重要。

1. 日光温室群的场地选择 建造温室群应选择地形开阔，东西南三面没有高大树木、建筑物或山岗，并且是背风向阳、地势高燥平坦、土壤肥沃、排灌方便、交通便利的地方。避免建于沟谷山口、风道、河谷、山川等地，防止被大风吹坏薄膜。最好是地块北部有山岗、防护林等。还应避开尘土污染地带，如水泥厂、钢铁厂、砖厂等附近，因为温室的塑料薄膜容易积累灰尘，影响透光。

日光温室内土壤要求土质肥沃疏松、地下水位低、无盐渍化和其他污染，最好为壤土或砂壤土。

2. 日光温室群的合理规划 场地选定后，做好土地利用规划，以减少和避免土地浪费，便于生产和管理。规划项目包括温室方位、间距、田间道路、排灌设施以及附属建筑等。

要使温室处于最佳受光状态，最大限度地获取太阳辐射能，日光温室屋脊走向以东西方向为最佳。连栋温室屋脊的走向应为正南正北，这样光照分布均匀。在田间建造较大的温室群或园区规划中，要科学地确定日光温室间、日光温室与连栋温室间、日光温室与建筑物间的距离，避免相互遮阳，影响采光。以前排与后排温室间距 6～7 米、东西两个温室间距 3～4 米、每栋温室的面积 333～400 平方米为宜。温室东西向过长，不便管理；过短，去掉东西山墙遮荫面积，栽培床面积占地比例太小，浪费土地，不经济。为提高土地利用率，温室间的土地可进行露地蔬菜生产。

3. 温室高跨比的确定 建造温室，除选择适宜的方位角外，还必须考虑高跨比，二者兼顾才能争取室内有较强的光照。理论上最理想的高跨比值为 0.5～0.7。

4. 前屋面角度和后坡角度的确定 前屋面角度即采光角度，影响光的透射率，是日光温室设计中的重要环节。按照最新的合理采光时段理论，冬至前后前屋面采光时间应保持在4小时以上，即从上午10时至下午2时，太阳对温室采光屋面的投射角均达到50°以上。在北纬32°～34°的地区，合理采光时段屋面角为26°～37°。采用一斜一立式采光面，使斜面屋面角处在上述范围内时，光线射入量大，采光效果最好。拱圆形温室底部角度以60°左右为宜，中部为20°～30°，上部以10°～15°为宜。

后屋面角度直接影响温室的贮热量，从而影响保温效果。后坡仰角小时，后墙光照少，保温效果差；仰角大时，后坡较陡，不便搭温室拱架和覆盖棚膜，卷放草苫也困难。一般以超过当地冬至正午太阳高度角为宜。华北地区一般为30°～40°。

在实际生产中，农户从省钱的角度考虑，往往选择建造结构简单、成本低的大棚或温室，但是在栽培管理时，这些温室和大棚内常出现低温、高温、弱光等不良环境，不仅影响甜(辣)椒的正常生长发育，还容易诱发各种病虫害，导致落花、落果。为了避免发生上述现象，在建棚之初应在自家经济条件允许的范围内，尽量选建性能指标相对较好的棚室类型。

思考题

1. 什么是高效节能日光温室？有哪几种类型？
2. 大棚的场地选择与规划应考虑哪些因素？
3. 日光温室选址与规划应掌握哪些原则？

第二章　育苗床的种类与选择

甜(辣)椒栽培在我国除南方个别地区采用露地直播或育苗外,其他地区均采用保护地育苗,然后移栽定植到露地及保护地设施内,以提早上市。在保护地栽培蔬菜时,因气候条件、育苗季节、育苗场所的不同,而采用不同的育苗设施,目的是提高土地利用率,保证周年均衡供应。育苗设施中,还需具备保温、加温、降温、遮光、补光等设施,以抵抗不良环境条件的影响。在生产中应根据当地的具体情况和蔬菜种类灵活掌握,选择适宜的育苗床。

一、普通育苗床

普通育苗床是指没有辅助加温、降温设施的苗床,也是一般农户采用的育苗设施。主要包括阳畦、温室等育苗设施。

(一)阳　畦

阳畦分普通阳畦和改良阳畦。

1. 普通阳畦　普通阳畦又叫冷床,它的温光来源完全依靠太阳。苗床由床框、覆盖物和风障组成。一般为东西走向,长 10～15 米,宽 1.5～1.8 米。若畦框南低北高,构成一个向南倾斜的面,是抢阳畦。其北框底宽 30～40 厘米,顶宽 13～17 厘米,高 33～60 厘米;南框底宽 30～40 厘米,顶宽 25 厘米,高度 23～47 厘米。若畦框南北高度一致,构成一个平面,如槽子形状,是槽子畦。其北框厚 47 厘米,高40～60厘米;南框厚 40 厘米,与北框等高或稍矮。

普通阳畦的特点是结构简单，成本低，直接利用太阳能作为热源。主要用于早春甜(辣)椒育苗，可为秧苗生长提供较适宜的温度条件。阳畦内温度比露地高，又比温室低，可以培育出节粗茎短的壮苗，花芽分化也好，一般不会长成徒长苗。

风障由篱笆、披风草和土背组成。篱笆高达 2 米，竖立在北框外侧，冬季稍向南倾斜，与地面呈小于 70°角。

冬季土壤上冻前要将阳畦做好，利用整个冬季及早春充分晒土，以便熟化土壤和消毒杀菌。也可在畦面上施一些腐熟的有机肥后再翻地，达到施肥烤畦的目的。

2. 改良阳畦 改良阳畦是在普通阳畦的基础上，将畦框加高、加厚成墙，增加采光角度。墙包括山墙和后墙。墙高 1 米，宽 40～60 厘米，顶宽 33～50 厘米，东西长度不超过 50 米，跨度 2.5～3 米。改良阳畦又分为有后坡式和无后坡式(图 10)。改良阳畦建好后，应充分翻晒土壤，多施腐熟有机肥，播前 15～20 天扣膜烤畦增温，等待播种。

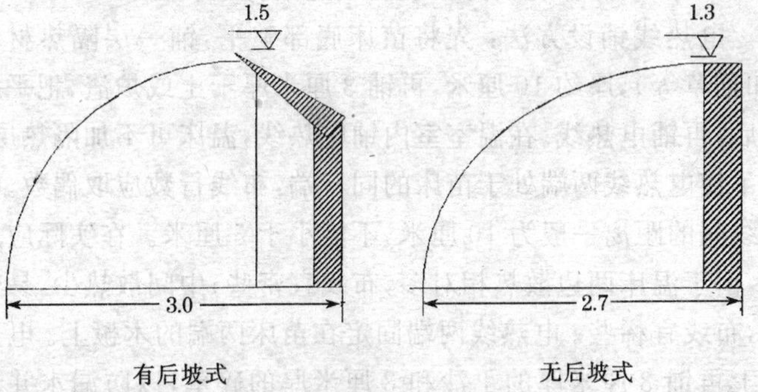

图 10 改良阳畦 (单位:米)

(二)温 室

日光温室因其采光和保温性能优于阳畦，还可以进行双膜覆盖(温室内再扣小拱棚)和安装人工加温设施(如电热线等),常被作为冬季寒冷季节育苗的主要场所。育苗床要在距离温室前沿1.5米处整地做畦,有条件的最好做成东西延长的育苗畦,这样育苗床内温、光条件好。温室育苗时应注意苗期管理,稍有不慎,温度偏高就会引起幼苗徒长。

二、电热温床

电热温床是通过在苗床培养土或育苗盘下铺设电热线来提高苗床温度的设施。由控温仪人工控制育苗温度,达到抵御寒冷天气快速培育壮苗的目的。方法是用一种特制的电热线埋入土层10厘米深,通电后使床土增温。用控温仪自动控制温度,管理省工,误差小(±1℃)。菜农或电工只要按照产品使用说明将各种配件组装起来,埋上电热线即可使用。甜(辣)椒育苗时,直接在电热线上铺设营养土,给床土加温,或直接摆放营养钵和育苗穴盘育苗,就能快速培育出壮苗。

电热线铺设方法:先将苗床底部整平,铺一层隔热材料(如稻草等),厚约10厘米,再铺3厘米厚干土或炉渣,耙平踩实后,再铺电热线。在温室室内铺电热线,温床可不加隔热层。为了使电热线两端处于苗床的同一端,布线行数应取偶数。电热线间的距离一般为10厘米,不能小于3厘米。在实际应用时,由于温床两边散热相对多,布线宜密些;中间散热少,易保温,布线宜稀些。电热线两端固定在苗床两端的木橛上。电热线上再铺3厘米厚的干沙和3厘米厚的碎草,以防漏水并可使苗床受热均匀,最后铺8～10厘米厚的营养土,再播种。播后盖地膜,并加扣小拱棚。使用电热线时要注意:每根电热线的功率都是额定的,使用时不能剪短,也不能续接;电热线不能交叉、打结，不能并在一起，以免烧断线路，也不能在空气中通电实验；苗床浇水时，要关闭电热线的电源。

三、穴盘育苗设施

我国于20世纪80年代中期正式引进穴盘育苗技术，最初全部采用国外生产线，机械化精量播种，投资高，致使穴盘育苗技术的推广受到限制。目前，笔者通过多年生产实践，在日光温室内因地制宜地进行穴盘无土育苗，在一些投资较大的重大生产线上进行改进，减少投入，受到农户的欢迎，并且穴盘苗已被广大农户认可，从而改变了我国传统的小而全的农业生产格局。穴盘育苗能大量集中供苗，又能远距离运输，是今后几年育苗的发展方向。

无土育苗的优势：省去了传统土壤育苗所需的大量床土，减轻了劳动强度，同时减轻了苗期土传病害的发生；育苗基质体积小，重量轻，便于秧苗长途运输和进入流通领域；育苗基质和用具易于消毒，便于培育无病苗；可进行多层架立体育苗，提高温室空间利用率；根茎发达，适应性强，成活率高，无缓苗期。

（一）穴　盘

目前常选用的穴盘长54.4厘米，宽27.9厘米，高3.5～5.5厘米。穴孔深度视孔的大小而异。根据穴孔数量不同，穴盘分为50孔、72孔、128孔、288孔等多种规格，甜（辣）椒育苗一般采用128孔穴盘，也可使用72孔穴盘。

（三）育苗基质

较理想的育苗基质是草炭、蛭石、珍珠岩，一般采用复合基质。尽量选用当地资源丰富、价格低廉的轻型基质，以有机无机复合基质效果更优。育苗基质还要有利于幼苗根系缠绕，便于起坨。基质的配比为草炭：蛭石＝2：1或3：1，或者是草炭：蛭石：珍珠岩＝2：1：1。每立方米基质中加入膨化腐熟鸡粪10千克，磷酸二铵1千克，磷酸二氢钾0.5千克，过磷酸钙5千克，掺匀待用。

（三）温　室

温室是穴盘育苗的重要配套设施，生产上一般选用现有的高效节能日光温室，也可选用现代化温室。温室内配置喷水系统和放穴盘的苗床。苗床用铁架做成，也可直接在地面上铺砖、炉渣、沙子和小石子等。总之，要求铺垫硬质的、重型的材料，防止穿过穴孔的根系扩大生长，避免提苗时伤根。

（四）催 芽 室

催芽室是穴盘育苗的关键设施。催芽室设有加热、增湿和空气交换等自动控制系统。为节省开支，可搭建简易催芽室，即在日光温室内搭建小棚，棚内放加温设备如暖气等，然后将播种后的穴盘叠放在小棚内进行催芽。催芽室内温度控制在28℃～30℃之间，空气相对湿度在95%以上，注意保持温、湿度均匀。在催芽室内进行叠盘催芽。

甜（辣）椒栽培茬口不同，应采用不同育苗设施进行育苗。如果在冬季育苗，最适合的育苗设施为电热温床，花费几十元就可以在日光温室内铺设一个十几平方米的电热温床。如果图省事，只在日光温室内地床育苗，遇到连阴雪天就容易出现沤根、猝倒、寒根等生理障碍或病害而死苗。

思考题

1．甜（辣）椒育苗常用哪些育苗设施？各有何优缺点？

2．如何建造电热温床？

第三章　适宜棚室栽培的甜(辣)椒优良品种

一、甜椒主要优良品种

(一)中椒7号

中国农业科学院蔬菜花卉研究所选育的杂交一代早熟品种。株高55～65厘米。果实为灯笼形,绿色,味甜质脆,品质好,果肉厚0.4厘米,单果重100克左右。抗病毒病和疫病。适于各种保护地、露地早熟栽培及恋秋栽培。

(二)中椒4号

中国农业科学院蔬菜花卉研究所选育的杂交一代。中晚熟品种。株高60厘米左右。果实为灯笼形,深绿色,味甜质脆,商品性突出,品质好,果肉厚0.5～0.6厘米,单果重120～150克。抗病毒病。适于华北地区露地恋秋栽培。

(三)中椒5号

中国农业科学院蔬菜花卉研究所选育的杂交一代。中早熟品种。连续结果性强,果实为灯笼形,绿色,单果重80～100克,味甜。抗病毒病。适于露地早熟栽培及恋秋栽培,也可保护地栽培。适合北京、天津、河北、山西、山东、广东、广西等地栽培。

(四)中椒3号

中国农业科学院蔬菜花卉研究所选育的常规品种。早熟丰产。其他特性同中椒7号。

（五）中椒 8 号

中国农业科学院蔬菜花卉研究所选育的杂交一代。中晚熟品种。果实灯笼形，个大形好，果色深绿，果面光滑，果肉厚 0.5 厘米，单果重 90～150 克，味甜质脆。耐贮运。对病毒病抗性强，耐疫病。每 667 平方米产量为 4 000～5 000 千克。

（六）湘研 7 号

湖南省蔬菜研究所培育的灯笼形早熟品种。果实绿色，风味好。株高 50 厘米左右，单果重 50 克左右。抗病毒病、炭疽病、疮痂病和日烧病。

（七）湘研 8 号

品种特性同湘研 7 号。

（八）湘研 17

湖南省蔬菜研究所选育的杂交一代早熟甜椒品种。株高 47 厘米，开展度 52.5 厘米。果实为灯笼形，表皮光滑，肉厚，无表皮沟或沟浅，绿色。耐寒性突出，早期坐果性好，挂果集中，早期产量高，上市早，经济效益高。抗疫病、病毒病和炭疽病，耐热、耐涝。

（九）甜杂 1 号

北京蔬菜研究中心选育的杂交甜椒品种。早熟品种。植株生长势强，第一花着生于第十一至十二节，坐果率高。果实圆锥形，绿色，单果重 50 克，果肉厚 0.4 厘米，味甜，品质好。耐烟草花叶病毒。适应塑料薄膜大棚、改良阳畦等保护地栽培。

（十）甜杂 2 号

北京蔬菜研究中心选育的杂交甜椒品种。属早熟品种，产量高。植株生长势强，茎叶绿色，多为三杈分枝。第十一节上下着生第一花，坐果率高。果实灯笼形，绿色，味甜，品质好。适应塑料薄膜大棚、改良阳畦等保护地栽培。

（十一）农　乐

北京农业大学园艺系育成的早熟甜椒组合。植株生长势强，坐果率高，连续结果性能好。果实为长灯笼形，绿色，果面光滑而有光泽，味甜，商品性好。抗烟草花叶病毒，耐黄瓜花叶病毒。

（十二）海花3号

属中早熟品种。长势中等，较抗病。株高50～60厘米。果实灯笼形，单果重150克左右，果肉较厚，味甜，品质佳。

（十三）茄门甜椒

植株高60厘米，第一果着生于主茎第十一至十四节。果实灯笼形，深绿色，果柄下弯，果顶有3～4个凸起，品质好，单果重100～150克。中熟。耐热，抗病，耐贮运。适于春季露地及恋秋栽培。

（十四）格鲁西亚

荷兰瑞克斯旺公司的杂交一代厚皮甜椒品种。产量高，品质好，商品性好。植株开展度中等，生长力中等，节间短。适于日光温室和早春大棚种植，也适于露地种植。即使是在寒冷的气候条件下也有良好的坐果性能。果实大，长方形，皮厚。在正常温度下，果实长度可达12～14厘米，平均直径8～10厘米。果实外表光亮，成熟时颜色鲜红，可在绿果期采收，也可以在红果期采收。平均单果重200～250克，最大单果重可达500克以上。果实味道鲜美。抗烟草花叶病毒病。

另外，萨菲罗、苏考尼、亚当斯特、格兰特等品种均为荷兰瑞克斯旺公司的杂交一代厚皮甜椒品种。品种特性与格鲁西亚相差不大。

(十五)麦卡比

以色列海泽拉公司的甜椒品种。无限生长型,株型高大,长势旺盛。具有极强的低温坐果能力,果色绿转红。果实大而长,无瓤,肉厚,平均单果重240克左右。适合露地和保护地栽培。目前已成为我国北方保护地和南北方露地的主栽品种。

二、辣椒主要优良品种

(一)湘研1号

湖南省蔬菜研究所选育的特早熟微辣型品种。1989年12月通过湖南省农作物品种审定委员会审定。株型紧凑,植株生长势较强,株高45厘米,植株开展度50厘米,分枝力较强,节间短,第一花着生于第八至十二节。果实呈粗牛角形,长10.7厘米,横径3.5厘米,果肉厚0.25厘米,果面光亮,深绿色,平均单果重30克,最大单果重50克,微辣带甜,肉质脆嫩,外观美。耐寒性突出,极早熟,耐肥、耐湿力强,不耐热,抗病毒病、疮痂病、炭疽病和青枯病。早期产量高,丰产稳产。

(二)湘研2号

湖南省蔬菜研究所选育的早熟、丰产兼用品种。1994年通过湖南省农作物品种审定委员会审定。植株生长势较强,株型紧凑,株高50厘米,植株开展度55厘米。分枝力较强,节间短。第一花着生于第十至十三节。果实呈粗牛角形,果肉厚。果实光亮平滑,深绿色,平均单果重35克,微辣带甜,肉质脆嫩,外观美,风味佳,商品性好。耐寒、耐热、耐肥力强,抗病毒病、炭疽病、疮痂病和青枯病。早熟,从定植到采收45天左右。

(三)湘研11

湖南省蔬菜研究所选育的极早熟杂交品种。1998年1月通过湖南省农作物品种审定委员会审定。株高48厘米，植株开展度56厘米左右，株型紧凑，分枝多，节密，节间短，第一花着生于第十至十一节。极早熟，从定植到采收41天左右。果实呈粗牛角形，果肉厚，深绿色，果皮较薄，肉细软，微辣，风味佳，品质上等，以鲜食为主。该品种适于极早熟保护地栽培，经济效益高。

（四）湘研12

湖南省蔬菜研究所选育的早熟杂交品种。1998年1月通过湖南省农作物品种审定委员会审定。株高50厘米，植株开展度60厘米左右，株型紧凑，分枝多，节密，节间短，第一花着生于第十一至十三节。果实呈粗牛角形，深绿色，果皮较薄，肉细软，微辣，风味佳，品质上等，以鲜食为主。适于早熟、丰产栽培，保护地、露地皆可。

（五）湘研9502

湖南省蔬菜研究所经过特选育成的早熟、高产、大果型杂交辣椒品种。株高55厘米，植株开展度55厘米，早熟品种，挂果能力强。果实呈粗牛角形，绿色，商品性好，果面光亮，微带甜味，肉质脆。抗逆性强，较抗炭疽病、病毒病和疮痂病，而且耐热性强于一般早熟品种。

（六）湘研4号

湖南省蔬菜研究所选育的杂交一代品种。1992年通过湖南省农作物品种审定委员会审定。株型较紧凑，生长势强，株高46厘米，植株开展度53厘米，分枝力强，节间短，节密。第一花着生于第九至十一节。果实呈长羊角形，深绿色，辣味中等，光亮无皱。极早熟。耐寒性强，遇低温落花少。对病毒病、炭疽病和疮痂病抗性强。

（七）湘研9号

湖南省蔬菜研究所选育的耐贮运、早熟、丰产杂交甜（辣）椒品种。1996年通过湖南省农作物品种审定委员会审定。植株生长势强，株型紧凑，株高52厘米，植株开展度55厘米，分枝力强，节间短。第一花着生于第十一至十三节。果实为牛角形，深绿色，皮光无皱，形直无弯，辣味适中。从定植到采收48天左右。耐寒，抗病性强。

（八）湘研19

湖南省蔬菜研究所选育的早熟杂交甜（辣）椒品种。株型紧凑，节间密。在低温条件下不落花、不落果，能正常挂果生长。果实长牛角形，皮光无皱，辣味适中，肉质细软，果肉厚，商品性、贮运性好。早熟、丰产。

（九）湘研3号

湖南省蔬菜研究所选育的中熟、大果、丰产品种。1992年通过湖南省农作物品种审定委员会审定。植株生长势较强，株型紧凑，分枝力较强，节间短。第一花着生于第十一至十五节。果实呈粗大牛角形，平滑无皱，绿色，微辣带甜，肉质细软，外形美观，风味甚佳。耐湿、耐热力强，耐寒力一般，不耐旱。抗病毒病、炭疽病、疮痂病和疫病。中熟。

（十）湘研13

湖南省蔬菜研究所1995年选育。植株生长势中等。第一花着生于第十三节上下。果实呈大牛角形，外观漂亮，个大而直，果表光滑，果肉厚，微辣，风味好。

（十一）湘研5号

湖南省蔬菜研究所育成的中熟杂交辣椒品种。1993年通过湖南省农作物品种审定委员会审定。植株生长势强，株型较紧凑，分枝力强，节间较短。第一花着生于第十二至十五节。果实呈长牛角形，绿色，肉质细软，味辣不烈。耐热、耐旱，对病毒病、疮痂病、炭疽病和日灼病抗性强。

（十二）苏椒2号

江苏省农业科学院蔬菜研究所选育的杂交辣味品种。株型半直立，株高70～80厘米，叶色较深绿平展。果实绿色较深，呈粗牛角形，果面光滑，老熟果红色。中熟。第一花着生于第十二至十五节。对病毒病有较强的耐病性，轻感炭疽病，较耐高温高湿。产量高而稳定。

（十三）苏椒3号

江苏省农业科学院蔬菜研究所育成。植株较开展，株高70～80厘米。果实为长羊角形，浅绿色，老熟果红色。中熟品种。长势旺，耐高温，适应性强，高产稳产，并有较强的抗风抗涝能力。

（十四）苏椒5号

江苏省农业科学院蔬菜研究所选育的早熟杂交一代甜（辣）椒品种。极早熟，耐低温、弱光，果实发育快，连续结果性强。果实个大，长灯笼形。产量高。耐寒，抗烟草花叶病及炭疽病。适合早春保护地栽培及秋冬大棚及日光温室栽培。

（十五）中椒6号

中国农业科学院蔬菜花卉研究所培育的微辣型中早熟一代杂种。生长势强，株高约40厘米。第一花着生于主茎第九至十节，结果多而大。果实为粗牛角形，绿色，长12厘米，直径4厘米，果肉厚0.4厘米，单果重55～62克，外形美观，风味好。抗病毒病和疫病。适于露地栽培。

（十六）湘椒12

湖南省长沙市蔬菜研究所育成的鲜食加工兼用型一代杂种。单果重35克，肉质脆嫩，微辣，盐渍加工后不易脱蒂。抗白绢病、疮痂病和炭疽病。

(十七)碧 玉 椒

江苏省农业科学院蔬菜研究所利用胞质雄性不育三系配套技术育成的一代杂种。株型紧凑,坐果率高,第一花着生于第十一节上下。果实呈长灯笼形,果面微皱,深绿色,有光泽,味微辣,品质佳,商品性好。抗烟草花叶病毒病和疫病,中早熟。适宜全国各地露地或保护地栽培。

(十八)鲁椒 3 号

山东省济宁市农业科学研究所育成的一代杂种。株型紧凑,茎秆粗壮,叶色深绿。门椒着生于第八至九叶节。果实呈牛角形,商品果深绿色,味道微辣。集中结果能力强,早熟。较抗病毒病和炭疽病。

(十九)辽椒 6 号

辽宁省农业科学院园艺研究所育成的一代杂种。果实呈粗牛角形,齐头,果皮深绿色,果面不平。耐低温、弱光,特别适宜保护地栽培。抗烟草花叶病毒病。适宜东北、华北及长江流域部分地区保护地栽培。

(二十)沈椒 5 号

辽宁省沈阳市农业科学研究所利用雄性不育两用系选配的一代杂种。平均第十一叶节始花。果实呈牛角形,果面光滑。较抗病毒病。早熟。

(二十一)9785

以色列海泽拉公司品种。早熟。植株高大强壮,产量高。果实细长,长 20～24 厘米,直径 4 厘米,绿转红色。低温坐果性好。适于露地和保护地栽培。对烟草花叶病毒病有抗性。

(二十二)辣妹、美丽丝、杨卡等

均为荷兰瑞克斯旺公司微辣型辣椒品种。杂交一代。产量高。果实细长，绿色。适于露地和保护地栽培。

三、彩椒主要优良品种

（一）红水晶

北京市农业技术推广站育成的杂种一代。嫩果为绿色，成熟果为鲜红色，方灯笼形，高、宽均为10厘米左右，果肉厚，平均单果重200克左右，个大口感好。抗病性强，产量高。

（二）黄玛瑙

北京市农业技术推广站育成的杂种一代。嫩果为绿色，成熟果为金黄色，其余特征特性与红水晶相似。

（三）橙水晶

北京市农业技术推广站育成的杂种一代。嫩果为绿色，成熟时转为橙黄色，其余特征特性与红水晶相似。

（四）紫晶

嫩果为深紫色，老熟后转为红色，其余特征特性与红水晶相似。

（五）白玉

果色由奶白色变为浅黄色，老熟后转为红色，其余特征特性与红水晶相似。

（六）玛祖卡

由荷兰引进的品种。嫩果绿色，成熟时转为鲜红色。果实方灯笼形，高、宽均为10～12厘米，果肉厚度可达0.7厘米，单果重200～400克，个大口感好。植株长势强，抗病性强，产量高。

（七）紫贵人

由荷兰、法国引进的甜椒杂交一代种。坐果后果实即转为紫色。果实高10厘米、宽8厘米，平均单果重150克，果面光滑发亮，外形美观大方，味甜，品质佳。中早熟。抗烟草花叶病毒病。植株生长旺盛，多三杈分枝。适宜保护地和露地栽培。

（八）黄欧宝

由荷兰引入的方形、黄色彩椒杂交一代种。早熟。果实成熟时颜色由绿转为黄色，果肉中等厚，果实平均高10厘米、宽9厘米，平均单果重150克，味甜，质脆，品质佳。抗烟草花叶病毒病。

（九）桔西亚

由荷兰引入的橘黄色甜椒杂交一代种。植株生长旺盛。果实呈方形，成熟时由绿色转为鲜艳的橘黄色，平均高11厘米、宽11厘米，单果重200克。抗烟草花叶病毒病。适宜露地和保护地栽培。

（十）白公主

由荷兰引入的方形果中熟杂交一代甜椒品种。植株生长旺盛，连续坐果力强，坐果后果实即为奶白色，尔后为亮黄色。果实硬，平均单果重220克。抗病毒病。适宜露地和保护地栽培。

（十一）红英达

由国外引入的甜椒杂交一代种。植株生长旺盛，收获时间集中。果实成熟时颜色由深绿转为深红色，果肉厚，果皮光滑，平均单果重170克。中早熟。抗烟草花叶病毒病。

（十二）黑甜椒

由日本引进的甜椒杂交一代种。果实略呈长方灯笼形，长10厘米，横径9厘米，单果重130克。幼果和成熟果均为黑色，果面光滑油亮，美观诱人。果实较耐贮运。风味甜脆，品质好。中熟。植株较高大直立，生长旺盛。抗病、抗逆性强，耐低温性强。

在甜(辣)椒品种中,高产优质的品种不一定适合各种栽培形式,农户在选种时,首先要考虑市场需求,选择受消费者欢迎的内销或出口品种,其次要考虑品种的抗病性。因为从生产无公害蔬菜的角度出发,选用抗病品种可以减少喷药次数,不仅直接减少农药残留,还可以节省不少劳力和费用。而生产礼品菜的蔬菜基地应选择色彩鲜艳的彩椒品种,便于配菜出售。

思考题

1. 适合北方棚室栽培的主要甜椒品种有哪些?
2. 适合北方棚室栽培的主要彩椒品种有哪些?

第四章　塑料薄膜大棚甜（辣）椒栽培技术

塑料薄膜大棚栽培甜（辣）椒主要进行春早熟栽培，其成熟期比露地春茬提早30～40天。甜（辣）椒生长期长，能越夏，夏秋继续扣棚可延至秋末，即进行从春到秋一大茬栽培，也叫春恋秋栽培。近年来，由于露地栽培甜（辣）椒病害严重，同温室相比，塑料薄膜大棚投入资金相对较少，大棚甜（辣）椒栽培发展迅速。在我国北方地区，甜（辣）椒的春恋秋栽培已成为一种主要的栽培形式。

河北、山东、北京、天津等地塑料薄膜大棚甜（辣）椒春恋秋栽培季节见表2。

表2　塑料薄膜大棚春恋秋甜（辣）椒栽培季节

栽培方式	春恋秋（春到秋一大茬）
播种期	11月下旬至12月上中旬
定植期	3月中下旬至4月上旬
收获期	4月下旬至11月上中旬
越夏遮荫	6月上中旬至8月上旬
重新覆膜	9月中旬

甜椒的耐热性比辣椒差，因此甜椒的越夏栽培困难较大，如果不采取一些措施，栽培很容易失败，产量和效益极低。甜（辣）椒越夏栽培主要的问题是容易发生病毒病，在生产上应尽量采取措施减少病毒病的危害。

一、普通甜(辣)椒春恋秋栽培

在甜(辣)椒塑料薄膜大棚栽培过程中,熟悉其生长发育特性,调节好温、光、水、气、土是栽培成功的关键。

甜(辣)椒根系不发达,根量少,入土浅,茎基部不易产生不定根,生根力差。茎直立,腋芽萌发力弱,株型较小,适于密植,露地多双株栽培,大棚、温室内植株长势强,多单株栽培。甜(辣)椒的分枝结果习性为无限生长型。腋芽可抽生侧枝,但生长势弱,开花结果较迟,应及时摘除。叶为单叶,互生。花为完全花,单生。植株营养充足、水分适宜时,在主枝和第一次分枝上的花坐果率高达80%,侧枝中有50%的花营养不良,造成授粉不良,落花落果严重。果实为浆果,在环境条件不适宜的过高温度或过低温度下,往往形成小果或僵果。种子扁平微皱,色淡黄,千粒重5~6克。

甜椒喜温暖不耐霜冻,也不耐高温。种子发芽最适宜的温度为25℃~30℃,低于15℃或高于35℃均不利于发芽。幼苗期要求适宜温度为20℃~28℃,开花结果期的适宜温度为20℃~30℃,低于10℃或高于35℃时,生长发育不良,造成落花落果。辣味型品种对高温的忍耐能力比甜椒品种强。甜(辣)椒属中光性蔬菜,对光照强度要求中等,怕强光,所以在夏季露地栽培较难成功。但光照太弱,会引起徒长,落花落果。甜(辣)椒对土壤水分反应敏感,既不耐旱,又不耐涝。适当灌溉是增产的重要措施。甜(辣)椒对土壤的适应能力强,在中性或微酸性土壤中生长良好。对氮、磷、钾的吸收比例为2∶1∶2。

（一）选择适宜的品种

春恋秋栽培甜（辣）椒的主要目的是争取早熟、丰产。一般选用抗病性强、株型紧凑、耐高温、产量高的早中熟品种。由于要进行越夏栽培，要求生长后期长势强，适于剪枝更新，也可选用中晚熟品种。适栽的甜（辣）椒品种有湘研 3 号、湘研 4 号、湘研 5 号、湘椒 12、鲁椒 3 号等；适栽的甜椒品种有茄门椒、中椒 4 号、中椒 5 号、中椒 7 号、海花 3 号及以色列的甜椒品种。

（二）普通地床育苗

春恋秋甜（辣）椒一般在日光温室等保护地内育苗，防寒保温及防止徒长是关键。为增加育苗数量和减少病害的发生，可采用穴盘育苗。育苗设备及选择参照第二章内容。

1. 确定适宜的播种期 北方地区春恋秋栽培甜（辣）椒可分为高山栽培（如张家口的越夏甜辣椒）和平原地区的越夏栽培。平原地区栽培以春栽为主，一般于冬春季在温室或阳畦等设施内育苗，苗龄 80～90 天，3 月中下旬至 4 月上旬定植，夏秋季节收获，初霜前拉秧。华北地区一般在 11 月下旬至 12 月上旬保护地育苗，翌年 3 月下旬露地定植，5 月上旬至 11 月份采收上市。在河北高山地区越夏栽培以张家口为主，已初步形成了夏季甜（辣）椒栽培基地，补充华北地区 8～9 月份淡季蔬菜市场。

2. 播种前准备 每 667 平方米栽培田需甜（辣）椒种子 100～150 克。苗床要选择地势高、排水良好、土质肥沃的地块。苗床不能与种植茄果类蔬菜或马铃薯的田块相邻，以防苗期发生病虫害。播种前配制营养土，用未种过茄科蔬菜的园田土 6 份，腐熟有机肥 4 份，过筛后拌匀，每立方米营养土加入磷酸二氢钾 0.5～1 千克，过磷酸钙 2～4 千克。拌匀后铺入苗床，厚约10厘米，浇足底水，水渗后即可播种。为防止苗期病害，可进行床土消毒，方法是用70%多菌灵或70%甲基托布津或敌克松，按每平方米苗床用药5克，掺入细土10～15千克配成药土，浇完底水待水渗后，撒入苗床。

为防止病毒病、叶霉病和疫病等病害的发生，于催芽前进行种子消毒。可采用温汤浸种和药剂消毒的方法。温汤浸种是将种子放入5～6倍的55℃（二开一凉）的温水中浸10～15分钟，不断搅拌，然后放在室温下浸泡6～8小时后捞出催芽。药剂消毒是先将种子浸泡6小时左右，然后用10%磷酸三钠浸泡20分钟，捞出后用清水洗干净进行催芽。催芽温度为28℃～30℃，4～5天即可播种。

3. 播种 将经过浸种催芽的种子，直接撒在苗床上，覆土厚1.5～2厘米，然后分苗。也可播于营养钵、穴盘或营养土方中，每穴播2粒种子。播种时畦内浇足底水，水渗下后先撒一层细土，然后播催过芽的种子，2～3天出苗后畦面出现裂缝，再盖一层细潮土。若播种时气温低，不稳定，要加扣小拱棚或其他保护设施，最好铺设电热线，以防不良天气导致的地温过低。播种后覆盖地膜，以提高苗床温度，促进发芽出土，苗出齐后撤膜。在虫害较多的温室，特别是蝼蛄钻洞易造成缺苗，应及时用毒饵诱杀，可用麦麸与敌百虫拌和撒于育苗床上。

4. 苗期管理 甜（辣）椒苗期对气温的要求是，白天为25℃～28℃，夜间为15℃～18℃；要求土温为25℃，夜间不能低于17℃～18℃。土温过低根系发育不良，易发生猝倒病和立枯病。夜间气温低于15℃，易产生畸形花；低于10℃，生长发育受到抑制；5℃以下发生寒害和冻害。

（1）*发芽出土期* 当种子开始顶土时覆盖一层细潮土，既可弥补裂缝保墒，又可防止根部通风造成死苗。种子出土前要提高苗床温度，促进发芽出土。白天气温为30℃～35℃，夜间为20℃～22℃，地温为16℃～20℃。播种后5～6天幼苗出齐，再撒一层细潮土，不浇水，防止幼苗徒长细弱。种子出土后，适当降低温度，防止下胚轴徒长。白天气温保持在25℃～27℃，夜间保持在18℃左右。遇到温度低时，10多天才可出苗。

(2)齐苗至分苗　幼苗子叶展开后容易徒长，要逐渐降低温度。方法是将温室的草苫早揭晚盖；苗床上加扣小拱棚的，要通风降温，逐渐加大放风量。白天气温保持在25℃～26℃，夜间保持在15℃～18℃。如果夜间温度常在10℃以下，秧苗不能正常生长，易出现死苗和僵苗。这是因为甜(辣)椒根系生长要求较高的温度。土壤温度在25℃左右时，根系生长旺盛，吸收肥水能力强；当土壤温度降到10℃以下时，新根停止生长。因此，要尽量提高土温，满足根系生长需要。

齐苗后及时间苗，间去过密苗、病苗、弱苗、畸形苗，以幼苗互不遮挡为度。采用营养钵、营养土方或穴盘育苗的，2～3片真叶时定苗，每穴留2株。

因播种时浇足了底水，幼苗不出土不浇水。子叶出土至真叶展开前，要防止徒长和病害的发生，床土不干旱不浇水。浇水必须选晴天的上午进行，只喷水或浇小水，浇水后要多放风。

苗期若发现猝倒病，可用高锰酸钾800～1 500倍液灌根。灌后用清水喷洗叶面，防止幼苗受害。叶面喷施普力克、杀毒矾等药剂效果很好。

在整个幼苗阶段，要注意特殊天气下的管理。例如，下雪后及时清扫草苫上的积雪，揭苫见光；阴天也要揭苫，利用散射光；特别是久阴乍晴时，应马上盖上草苫，隔一盖一，20～30

分钟后再卷起来，这样来回几次，叫“回苫”降温，可以防止幼苗萎蔫。

(3)分苗　分苗又叫暂时移植。即将播种床的幼苗移植到另一个苗床，以扩大幼苗的营养面积。但现在多实行一次性分苗。分苗前喷一次叶面肥可使幼苗生长健壮。可用0.3%尿素或1%～2%过磷酸钙或0.3%磷酸二氢钾溶液喷雾，也可喷其他叶面肥，如喷施宝、肥宝、高美施等。分苗前要撤掉小拱棚。当幼苗长到2～3片叶、即分苗前7～8天时，对幼苗进行低温(白天气温为23℃，夜间为12℃～13℃)锻炼，以使其适应分苗场地的条件。

分苗床内要施足有机肥，配合施磷、钾肥。分苗时，先给播种床浇水，待水渗下后，用铁锨或铲子起苗，栽到分苗畦内，株行距10厘米见方。分苗多采用暗水分苗法，先按10厘米行距开沟浇水，待水渗下或将要渗完时，将秧苗按10厘米的株距单株排放在沟内，贴住沟壁，靠水将苗稳住，最后覆土封沟，这样一行一行向后退移，直到移满苗畦。移苗时，剔去弱苗、病苗、畸形苗，并将大小苗分开。移苗后应保持较高温度，不能放风，以促进生根缓苗。白天气温保持在25℃～30℃，夜间保持在18℃～20℃。1周左右时间即可缓苗。

(4)分苗到定植　缓苗后，秧苗生长旺盛，外界温度升高，放风量大，水分散失快，要补浇缓苗水。并且缓苗后要降温，防止幼苗徒长。白天气温保持在20℃～25℃，夜间保持在15℃～18℃。根据甜(辣)椒对温度的要求和缓苗后外界气温高的特点，要特别注意及时放风，防止高温烤苗。一般白天放风，夜间关闭通风口。随着外界温度的升高，逐渐撤去草苫，降低分苗床内的温度，促进甜(辣)椒苗健壮生长，防止徒长。

分苗后掌握适当的浇水时间和方法，是控制幼苗徒长和苗期病害的重要措施。要看苗浇水：叶色淡，叶片薄，茎长，是徒长的表现，应注意放风以降低温度和湿度；秧苗浓绿萎蔫，傍晚或第二天早晨不完全恢复，说明已缺水，应马上浇水；中午秧苗打蔫是正常表现，不需浇水；由于突然放风或太阳光直射，秧苗也会暂时萎蔫，不需浇水；为了防止徒长，有时会蹲苗过度，长成叶片小、颜色深绿、茎细弱的僵苗，也叫"小老苗"，这时要浇水。浇水还要看天气，需水时在晴天的上午浇，避免在下午或早、晚温度低时浇水，防止地温降低。总之，分苗后浇水不可过多，浇过缓苗水后，不旱不浇水。浇水的方法是从阳畦的一头开始浇，均匀浇水，防止局部水分过多而沤根。还要根据秧苗长势确定浇水量，高苗、壮苗少浇，矮苗、弱苗多浇。目的是使秧苗生长整齐一致。在分苗期，如果秧苗发黄，多是缺氮的表现，可喷施 0.2%的尿素或 0.3%磷酸二氢钾溶液。

虽然塑料薄膜大棚有保护设施，但幼苗从温室移栽到大棚即由高温环境移入低温环境，同样要进行低温锻炼。于定植前 10～15 天加大放风量，夜间最低温度降到 10℃左右，提高秧苗适应能力。

甜(辣)椒定植时壮苗标准是：具有 8～9 片真叶，苗高 15～20 厘米，茎粗壮，节间较短，叶色深绿，根系发达，70%～80%的秧苗出现花蕾。

(三) 穴盘育苗

这里介绍的是简易的集约化穴盘育苗。

1. 浸种催芽 因为采用人工点播，甜(辣)椒种子要进行温汤浸种催芽。方法同常规浸种催芽。

2. 配制基质 按照比例确定草炭用量后即可粉碎草炭，将过硬过大的草炭块用铁锨拍碎，随后再加入蛭石或珍珠岩以及化肥。蛭石和珍珠岩相对密度(旧称比重)比较小，干燥时易飞扬，可先加入少量水后再配制基质。

重复使用的基质要进行消毒。药剂可用40%的甲醛或70%的甲基托布津或50%的多菌灵，但对害虫防治效果较差。方法是将药液稀释成40～50倍液，按每立方米基质20～40升药液均匀喷洒，喷后用塑料薄膜覆盖，堆积密闭24小时以上，打开薄膜风干2周左右时间方可使用。同时将重复使用的穴盘同样密闭熏蒸消毒。

3. 装盘压坑 将穴盘排好，倒入基质，用小竹片从一侧开始刮过即可，使基质与穴盘孔口相平，不可将基质装得过满。将装好基质的穴盘人工按压出播种坑，坑深1～1.5厘米。播种坑过浅，幼苗极易"戴帽出土"。

4. 播种覆土 将催芽后的甜(辣)椒种子人工点播。点播时只用发芽的种子，不发芽的种子挑出后再催芽，待发芽后再播，这样可使幼苗生长整齐一致。播种甜(辣)椒每穴播2粒种子，彩椒每穴播1粒。总之，根据定植的要求而定。播种之后的覆盖材料全部用蛭石，盖严后，将穴盘表面刮平并轻轻镇压，防止幼苗"戴帽出土"。

5. 叠盘催芽 催芽室要有足够的温度和湿度。将穴盘叠放在一起催芽，既节省空间，又有利于保持温度。叠盘时，盘要上下交错摆放，防止压苗。

6. 绿化 待出苗后即可搬出催芽室，摆放在温室绿化，一般1周后即可转绿。

7. 浇营养液或清水 幼苗子叶展平后用1/2营养液(按日本山崎营养液配方配制)浇灌。待第二片真叶完全展开时，开始浇完全营养液。也可浇灌0.2%尿素和0.3%磷酸二氢钾混合液。对于弱苗、小苗着重浇灌。浇灌营养液时，必须注意防止育苗容器内积液过多。营养液供给要与供水相结合，浇一次或两次营养液后浇一次清水，可避免基质内盐分的积累而抑制幼苗生长。

配制的营养液中，含有大量元素和微量元素。为降低育苗成本，可用化肥配制营养液。配方如下：每 1 000 升水中加入下列化合物：尿素 450 克，磷酸二氢钾 500 克，硫酸镁 500 克，硫酸钙 700 克，微量元素（按通用配方配制）。

微量元素用量少，为避免麻烦，一般先配成原液（母液），放在棕色瓶内于黑暗处保存，使用时按浓缩倍数稀释成工作液（营养液）。营养液 pH 值在 6.2 左右。应特别注意的是，配制的营养液总盐分浓度不能超过 0.3%。

8. 间苗、补苗 幼苗出土后应及时检查，对穴内出苗多的进行间苗，每穴留 2 株（彩椒留 1 株）。对缺苗的穴孔应及时补苗，可用预先准备的幼苗，在 1～2 片真叶时进行。

9. 水分及温度管理 播种至出苗，保持基质含水量在 85%～90%；子叶展开至 2 叶 1 心，保持基质含水量在 65%～80%；3 叶 1 心至成苗，将基质含水量降到 60%～65%，防止幼苗徒长。

温度管理：穴盘育苗在温度 30℃叠盘催芽，一般 3～5 天即可出土。以后降温，白天保持在 25℃～28℃，夜间保持在 15℃～18℃；3 叶 1 心时，白天保持在 23℃～25℃，夜间保持在 13℃～18℃。

当日历苗龄 80 天左右、生理苗龄 8～9 片叶已显现花蕾时，应及时出苗。出苗前 1～2 天先浇水，然后将苗提出，可见根系和基质相互缠绕在一起，形成塞子状，根系完好无损。最后包装、装箱、运输。

10. 穴盘苗的苗龄 穴盘苗的苗龄和营养面积是影响幼苗质量和最终产量的重要决定因素。在营养面积较小（128 孔盘)的条件下,幼苗有徒长现象,对定植后的产量有一定的影响,但影响不大。一般苗龄不宜太大,以70天左右为宜。在中等营养面积(72孔)的穴盘中育苗,秧苗质量好,苗龄可延长到80～90天,但相对128孔穴盘,需基质量大,资金投入较多。在生产中可根据具体情况而定。

(四)定　植

1. 定植期　大棚内最低气温稳定在5℃以上、10厘米深地温稳定在12℃～15℃并持续1周时间,即可开始定植。华北地区,一般在3月下旬至4月上旬定植。大棚内加盖小棚的,可以适当提早10～15天,华北地区最早可在3月上旬左右。

2. 整地施肥　定植地一般选择未种过茄果类蔬菜的地块,以减少病害的发生。在同一地块上,甜(辣)椒作为不同作物的后茬,其发病情况不一样。试验表明,前茬是茄果类的比前茬是瓜类、叶菜类的发病重,前茬是葱蒜类的比前茬是瓜类、叶菜类的发病轻。所以,在茬口安排上,应优先利用葱蒜类茬口,其次是瓜类和叶菜类茬口。在土壤选择上,应选择地势平坦、土壤肥沃、微酸至微碱性、保水保肥能力强的砂质土壤。甜(辣)椒喜肥又耐肥,对氮肥需求较多,从定植到采收均需供应氮肥;磷对甜(辣)椒的花芽分化有很大影响,磷不足,花芽发育迟缓或不发育。

塑料薄膜大棚春恋秋甜(辣)椒栽培生长期长,产量高,必须重施基肥,尤其重施有机肥,防止植株早衰。要求每667平方米施有机肥7 500千克左右,磷酸二铵50千克,或过磷酸钙100千克,三元素复合肥25千克。深翻耙平,整地做畦。做成平畦或小高畦。近几年小高畦地膜覆盖栽培比较多,可防止倒伏,灌溉及排水也方便,结合膜下暗灌,可降低大棚内的空气相对湿度，减少病害的发生。小高畦高10～15厘米，下底宽70厘米，上底宽60～65厘米，两个小高畦之间的距离为30～40厘米。用幅宽90～100厘米的地膜覆盖。一般先铺膜后定植。经常使用的是高压聚乙烯透明地膜，覆膜后可使土壤温度提高2℃～4℃。有的地方使用杀草膜、光降解膜等。还有的使用黑色地膜，以防止甜(辣)椒根系早衰。

3. 定植　甜(辣)椒喜温不耐寒，定植过早易受冻害，而且地温低，影响根系生长，缓苗慢，对植株生长不利。定植应选择晴天进行。定植时，秧苗的土坨应略低于地面。最好采用暗水定植即水稳苗，可防止地温下降和土壤板结，缓苗快。在栽培面积大、气温高、栽培技术要求不严格时，可采用明水定植，浇足定植水。阴雨天或傍晚定植时，茎叶上的水珠不易蒸发掉，易感染病菌，同时由于气温低，根系难于恢复，缓苗慢。定植的密度不能太大，过密会引起徒长，只长植株不开花结果，也易发生病害，造成减产。小高畦上每畦栽2行，行距45厘米左右，穴距35厘米左右，每667平方米栽苗4 000～4 500穴，每穴2株。采用平畦栽培的，畦宽80～90厘米，每畦栽2行。

(五)定植后的田间管理

1. 温湿度管理　甜(辣)椒定植后5～6天内应密闭不通风，以维持棚温在30℃～35℃，夜间棚外四周用草帘覆盖保温防冻，促进根系生长，以加速缓苗。采用多层覆盖的，如小拱棚覆盖，白天应将小拱棚的薄膜揭开，以利透光和提高地温，晚上再盖严保温。温度超过35℃时，打开顶窗放小风。1周后新叶开始生长即已缓苗，这时应开始通风降湿降温，促进植株健壮生长，防止徒长。当棚内温度上升到30℃时就应通风降温，下午降到25℃时闭风口。白天温度保持在25℃～30℃，夜间保持在15℃～18℃。夜间温度不能过高或过低，因为缓苗后，门花陆续开放，若棚内温度过高，湿度过大，易引起落蕾落花。因此，开花时应增强通风，降低湿度，将空气相对湿度控制在70%以下。此期若维持高于80%的空气相对湿度和30℃以上的高温，植株往往徒长，节间伸长，叶片薄，颜色浅，严重的发黄，花芽分化不好，蕾期就出现花蕾脱落现象。合理通风，有利于保持棚室内适宜的温度和湿度，植株生长矮壮，节间短，坐果多。

进入开花结果期，棚内白天气温要保持在20℃～25℃，夜间要保持在15℃～17℃，空气相对湿度保持在50%～60%，因此要有较大的通风量和较长的通风时间，加盖小拱棚的要逐渐撤去。门椒坐住后即进入结果期。结果期的温度应比缓苗后稍高，白天控制在25℃～30℃，夜间保持不低于15℃。

当外界最低气温稳定在15℃以上时，夜间不关闭通风口，昼夜通风。进入6月份外界气温高于25℃时，即使通风棚温也很难下降，这时可将棚膜完全卷起来通风，顶风口加大至1米宽以上或将棚膜取下来。为了防止高温和强光，最好不撤棚膜，换成遮阳网和旧塑料棚膜遮荫防雨，进行越夏栽培，降低病毒病的发生。

2. 肥水管理　早春大棚甜(辣)椒定植时浇水不要太大，以免导致地温过低，影响缓苗。浇过定植水后一直到门椒坐住不再浇水，也不追肥，而要及时中耕松土，提高地温，促进根系生长，最重要的一点是防止徒长。经7～10天缓苗后，若定植水浇得小，可浇1次缓苗水，否则不浇水。随后进入蹲苗阶段。蹲苗期间连续中耕2～3次。第一次中耕要浅，深4～5厘米；第二次加深至7～8厘米，促进根系生长；第三次也要浅耕，防止伤根。采用小高畦无地膜覆盖栽培的，须进行全面中耕；覆盖地膜的，中耕只在沟内进行。蹲苗期间，若棚内苗株出现缺水征候，中途也可浇1次水，以后继续中耕蹲苗。

当棚内绝大多数植株门椒坐果、果实直径达2～3厘米时，结束蹲苗，进入大量浇水追肥阶段。结合追肥浇催果水。这次肥水要大，以促进果实膨大。每667平方米施尿素20千克左右，磷酸二氢钾15千克左右，或追人粪尿1000千克。并结合防病治虫进行根外追肥，喷施2%过磷酸钙溶液或0.2%～0.3%的磷酸二氢钾溶液。进入盛果期，是需肥水的高峰期，要集中连续追2～3次肥，并及时浇水。一般每7～10天浇1次水，保持土壤经常湿润。浇水要均匀，忌忽大忽小，以防止裂果。

3. 搭架或立横栏 甜(辣)椒生长势强，分枝多，在大棚的高温高湿条件下更显枝条细弱，坐果后头重脚轻易倒伏，或引起枝条劈裂，影响生长。在植株封垄前培土，同时用竹竿立支架绑蔓，每株插一竿。最好的方法是，在每行两端，分别在植株外侧立两根竹竿，用尼龙绳拉起3～4道横栏，既可防倒伏，又便于田间作业。也可进行吊蔓。

4. 植株调整 包括整枝、打杈、摘叶等。通过植株调整可以改善通风透光条件，减少养分消耗，提高产量，同时起到防病作用。甜(辣)椒生长前期一般不进行整枝。但对于生长势强的中晚熟品种，需在门椒开花前后，将门椒以下侧枝全部除去，以免植株营养生长过旺而影响门椒、对椒正常开花结果。生长中后期要及时打去植株下部的老叶、黄叶和病叶，疏剪过于细弱的侧枝。

5. 保花保果 在大棚栽培中，光照弱，温度低，温度变化剧烈，空气湿度大，常会造成落花落果。为了获得高产，除通过栽培管理措施保花保果外，还可用植物生长调节剂处理。常用的有20～30毫克/升2,4-D或30～50毫克/升番茄灵(防落素)蘸花,也可喷花。一般在"四母斗"以前使用。使用植物生长调节剂不可重复处理,可在药液中加入广告色或墨汁做标记。在上午10时前处理比较好。要避开中午高温,以免产生药害。另外,药液应现配现用,不宜久放。

6. 越夏栽培 大棚甜(辣)椒栽培进入高温雨季,要做好病虫害的防治和排水防涝工作。利用大棚上的薄膜和遮阳网遮荫防雨,以降低温度,减少病毒病的发生,并且能提高果实的品质。

结果盛期正值高温季节,一般将过密的、坐果稀少的侧枝疏除,增加通风透光,减轻病虫害。雨季过后,甜(辣)椒进入第二次结果高峰,应追肥2～3次,每7～10天浇1次水,增加后期产量。结合防病治虫叶面喷施0.2%磷酸二氢钾或3%过磷酸钙,或其他叶面肥。

大棚甜(辣)椒在7月份以后因为高温或雨季的影响,再加上植株结果部位上移,植株衰弱,生长处于缓慢状态,花和果实易脱落。可将植株上部枝条进行重剪更新,促发新枝开花结果。弱枝宜重剪,壮枝宜轻剪,修剪后叶面积将减少3/4,为此要抓紧冲施速效氮肥,每667平方米施尿素20千克左右,三元素复合肥15千克,连续灌水2～3次,促进植株生长。并注意排涝和清理田间。经4～5天即有新枝萌出,2周后形成大量枝叶,30天后小果形成。使植株更新复壮,实现恋秋生产。

7. 扣棚及扣棚后管理 进入8月中旬应逐渐去掉遮阳物,使植株在自然条件下生长。如果继续覆盖遮荫,就会导致光照不足,植株生长势变弱,营养不良。10月上旬天气转冷,开始加盖薄膜。扣膜时间的确定要因地制宜。过早,气温太高,不利生长；过晚，气温过低，果实难以成熟。当白天气温在15℃以上、夜间气温在15℃时，就应开始扣膜。河北北部地区大约在9月上旬开始扣膜。

扣膜后外界气温仍然较高，这时白天揭开通风，夜间覆盖，防止高温高湿引起植株徒长。以后随天气转凉，放风时间和放风量要逐渐减少。华北地区在10月下旬开始密闭棚膜。

扣膜初期，棚内气温较高，应浇水追肥，以保证枝叶生长，为延后结果创造条件。每667平方米施尿素20千克。扣严棚膜后，因温度降低，浇水量要逐渐减少，坚持不旱不浇，以防空气湿度过大，引起徒长和病害发生。进入果实膨大期，对嫩梢、无效枝条、无效花蕾均要剪除和摘除，以减少养分消耗，促进果实生长。

(六)采　收

当果面有光泽、手握有硬感时即可采收。应根据植株生长情况和市场行情适时采收。当后期外界气温过低，以致大棚内甜(辣)椒不能继续生长时，要及时采收，以免果实冻伤。

二、彩椒春恋秋栽培

彩椒的果实有橘黄色、黄色、红色、蜡白色、紫色等五种颜色，又称五彩椒，是稀特蔬菜的种类之一。五彩椒系椒中之珍品，辣味素含量是普通甜(辣)椒的10倍，也是一种优良的盆栽观果花卉。彩色甜椒果型大，果肉厚达0.5～0.7厘米，单果重200～400克。果皮光滑，果形方正。味甜、脆嫩，适宜生食。生长期长，结合无土栽培，更具经济价值和观赏价值。可作为饭店、宾馆的高档配菜和节日礼品菜，也可作为农业园区的观赏品种。栽培品种主要来自荷兰、以色列、美国等国家。

(一)选择适宜的品种

五彩甜椒宜选果型大、色泽鲜艳、果实方灯笼形、抗病性强的杂交一代品种。目前生产上常选择荷兰瑞克斯旺公司的品种,如红鹰椒、红英达、黄欧宝、桔西亚、紫贵人、白公主等,以及国产品种红水晶、黄玛瑙、橙水晶、紫晶、白玉等。盆栽的观赏品种如迷你鹰五彩椒等。

(二)培育壮苗

彩椒属浅根植物,同其他果菜类蔬菜相比,根系相对较弱,抗不良环境的能力差,对土传病害的抵抗力也差。因此,育苗时应采取保护根系的措施,如采用营养钵育苗、纸袋育苗、穴盘育苗等,最好采用穴盘无土育苗,防止土传病害的产生。

1. 苗床准备 苗床要选择地势高、排水良好、土壤肥沃的地块。播种前精细配制营养土,用未种过茄科蔬菜的园田土6份,腐熟有机肥4份,过筛后拌匀,再掺入少量化肥。为防止苗期发生病害,可进行床土消毒,方法同甜(辣)椒育苗。为防止病毒病发生,于催芽前进行种子药剂消毒。先将种子浸泡6小时左右,然后用10%磷酸三钠浸泡30分钟,捞出后用清水洗干净进行催芽。催芽温度为28℃～30℃,经2～3天即可播种。

2. 播种 华北地区春茬播种期在1月上中旬,苗龄80～90天,3月下旬定植,6月以后采收。

由于种子较贵,一般在苗床上或营养钵内点播。穴盘育苗以草炭和蛭石为基质,要求每穴播1粒,定植时采用单株栽培。播种后随即覆盖地膜以保温保湿。播种后,白天适宜温度为28℃～30℃,夜间为18℃～20℃。幼苗出土后温度不能过高,以防徒长,白天保持在20℃～25℃,不超过25℃,夜间保持在13℃～15℃。

穴盘育苗的，将穴盘、基质准备好，然后装盘、压穴、洇盘，待播。若温度低，应在简易催芽室内叠盘催芽，保证发芽整齐一致。幼芽出土后，可适量浇1～2次0.1%尿素溶液或0.2%磷酸二氢钾溶液。浇后，随即用细喷壶喷洒清水冲去叶面肥液，以免烧伤幼叶。待苗长至2～3片真叶时，即可分苗。穴盘育苗一次成苗，不用分苗。

3. 苗期管理 主要是对温度的管理。苗期对温度的要求是：白天气温为25℃～28℃，夜间气温为15℃～18℃；白天土温为25℃，夜间土温不能低于17℃～18℃。土温过低根系发育不良，易发生猝倒病和立枯病。温度管理总的原则是“两高、三低”。

(1)发芽出土期　要求温度较高，目的是促进种子发芽出土。白天气温保持在30℃～35℃，夜间保持在20℃～22℃，地温保持在16℃～20℃。播种后5～6天幼苗即可出齐。幼苗出齐后再撒一层细潮土，不浇水，防止幼苗徒长而细弱。

(2)种子出土后　这时适当降低温度，防止下胚轴徒长。白天气温保持在25℃～27℃，夜间保持在18℃左右。在2～3片真叶时及时分苗。分苗的株行距均为10厘米。

(3)分苗期　分苗后应保持较高温度，不能放风，以促进生根缓苗。白天气温保持在25℃～30℃，夜间保持在18℃～20℃。大约1周时间即可完成缓苗。一般床土不干旱则不浇水。若需浇水，必须选晴天的上午进行，只喷水或浇小水，浇水后要多放风。

(4)缓苗后　降低温度，防止幼苗徒长。白天气温保持在20℃～25℃，夜间保持在15℃～18℃。一般白天放风，夜间关闭通风口。

(5)定植前　进行低温锻炼。于定植前10～15天，加大放风量，使夜间温度降到10℃左右，提高秧苗对低温的适应能力。

定植时的壮苗标准：幼苗6～8片叶，株高18～20厘米，叶片肥厚，叶色深绿，根系无损，无徒长及老化。

彩椒苗期的具体管理措施，可参照甜(辣)椒育苗。

(三)定　植

移栽前，大棚内土地必须施足基肥，每667平方米施人、畜粪3 000千克或膨化鸡粪800千克，磷酸二铵或复合肥50千克，硫酸钾25千克，并深耕、细耙、整平。按照1米的行距起垄栽植。垄底宽60厘米，垄距40厘米，垄高15～20厘米。浇足水保湿，除净杂草，并覆盖地膜和安装滴灌设施。也可先铺地膜，再开穴栽苗，然后浇水。

春大棚彩椒的定植期在3月中下旬。小高畦栽培的每畦栽1行，株距45厘米，要求每平方米栽3株，每667平方米栽1 800～2 200株。选晴天或冷尾暖头的天气定植。栽植深度以幼苗土坨略低于地面为宜。

(四)定植后的田间管理

1. 温湿度管理　彩椒定植后5～6天内要密闭不通风，将棚温维持在30℃～35℃，以加速缓苗。1周后即可缓苗，这时应开始通风降湿降温，防止徒长。白天温度为25℃～30℃，夜间温度为15℃～18℃。夜间温度不能过高或过低，因为缓苗后门花陆续开放，若棚内温度过高，湿度过大，易引起落蕾落花。因此，开花时应增强通风，降低湿度，将空气相对湿度控制在70%以下。此期若维持高于80%的相对湿度和30℃以上的高温，植株往往徒长，开花结果受到抑制。

2. 水肥管理　定植时浇定植水，定植后5～6天浇1次缓苗水，尔后适当蹲苗。待80%的植株门椒直径达到2厘米时，结束蹲苗，开始浇催果水，并结合浇水每667平方米冲施氮磷钾复合肥15千克。门椒采摘以后，植株进入结果高峰期，也是提高彩椒产量的关键时期。此期间必须保证有充足的肥水。根据季节和天气情况及长势浇水。一般每8～9天浇1次水，每次水量不要过大。隔1水追1次肥，可追氮磷钾复合肥，每667平方米施15千克，同时叶面喷施0.2%磷酸二氢钾溶液。

3. 植株调整 通过进行植株调整，可以改善通风透光条件，减少养分消耗，提高产量，同时起到防病作用。缓苗后，将门椒以下的侧枝全部抹掉。主枝上结的果实，不但个大，而且果形方正，商品性好。因此，应重视整理门椒以上的侧枝，这是彩椒管理的关键技术。要求每株留2～3个主枝，每平方米留7个。每4～5节开始留果。平时注意去侧枝，使每株始终保留2～3个枝条向上生长。植株可高达2米以上。为防止倒伏，多采用尼龙绳吊枝，每个主枝用一条绳固定。结果盛期，植株封垄，田间郁闭，为加强通风，要及时摘除植株下部变黄的老叶。摘除的老叶带到棚外，及时处理掉。门椒以下如再有侧枝出现，也要及时抹去。

4. 保花保果 彩椒开花期，外界温度仍较低，为保花保果，应用植物生长调节剂蘸花。常用20～30毫克/升2,4-D或30～50毫克/升番茄灵蘸花，也可喷花。使用植物生长调节剂不可重复处理，可在药液中加入广告色或红墨汁做标记。在上午10时前处理比较好，要避开中午高温，以免产生药害。另外，药液应现配现用，不宜久放。

5. 越夏及以后的管理 进入7月份以后，因为高温或雨季的影响，再加上植株结果部位上移，植株衰弱，应注意加强管理。例如：在棚顶加盖遮阳网遮光，减少病毒病的发生，提高果实品质；使植株复壮，实现恋秋生产；雨季到来前挖好田间排水沟，防止积水造成落叶、落花、落果。

进入9月中旬，应逐渐去掉遮阳物。10月上旬天气转冷，开始加盖薄膜。河北省北部地区大约在9月上旬开始扣膜。以后应浇水追肥，以保证枝叶生长。每667平方米施尿素20千克。扣膜后温度降低，浇水量要逐渐减少，以防止徒长和病害发生。

(五)采　收

春大棚五彩椒果实一般在6月份开始陆续成熟，应及时采收，以利提高经济效益。采收不能过早或过晚，最佳时间是定植后100天左右。这时果实已转色，果肉已变厚。采收时用剪刀从果柄与植株连接处剪开，要轻拿轻放。果实要分级上市。一般每株结果18～20个，每667平方米产量可达4 500～5 000千克。

塑料薄膜大棚春恋秋栽培是甜(辣)椒栽培的主要茬口，培育壮苗是栽培成功的关键技术之一，农户应选好育苗场地，把握好育苗的各个环节，争取培育出根系发达的壮苗，这样在长期栽培过程中才不容易早衰。

思考题

1. 塑料薄膜大棚甜(辣)椒春恋秋栽培如何防止植株早衰？

2. 彩椒栽培和普通甜(辣)椒栽培有何不同？

第五章　日光温室甜(辣)椒栽培技术

在我国北方地区,日光温室甜(辣)椒栽培发展迅速,再配合各种保护设施进行不同季节栽培,基本可保证周年供应。日光温室栽培甜(辣)椒利用设施的优势,重点解决北方广大地区冬季和早春的新鲜甜(辣)椒供应,在茬口安排上,以冬季和早春上市为重点,尽量避开大、中棚甜(辣)椒栽培的产量高峰期,向秋延后、春提早方向发展。高效节能的日光温室甜(辣)椒栽培,主要茬口有秋冬茬、冬茬、冬春茬、早春茬。茬口安排见表3。

表3　日光温室甜(辣)椒栽培的茬口安排

栽培方式	播种期	定植期	收获期
秋冬茬	7月中下旬	9月上中旬	10月中下旬至春节
冬　茬	9月上旬至10月上旬	11月下旬至12月下旬	1～6月份
早春茬	10月中旬至11月上旬	1月中旬至2月上旬	3月上旬至4月上旬

秋冬茬甜(辣)椒栽培目前在生产上有两种方式：一种是播种育苗。7月中旬播种,9月上中旬定植,10月中下旬至春节收获,是秋冬茬的主要栽培形式。另一种是利用早春茬的植株进行剪枝更新,越夏后进入秋冬茬生产。

冬茬生产即越冬茬栽培,在采光、保温性能较差的日光温室生产时,栽培难度较大,如果采用山东寿光式等保温性好的温室生产则比较容易成功。注意品种的选择和加强保温防寒工作是栽培成功的关键。

在华北地区,日光温室甜(辣)椒的早春茬栽培易成功,效益高，是目前温室甜(辣)椒生产的主要茬口。

一、甜(辣)椒秋冬茬栽培

日光温室秋冬茬甜(辣)椒生产，由于气候条件特点和其他茬口的衔接，生育期比较短，在栽培技术措施上要掌握“促控结合、以促为主”的原则，并要注意培育壮苗和防止病毒病的危害。

(一)选择适宜的品种

可采用的甜椒品种有甜杂1号、甜杂2号、中椒3号、中椒5号、中椒7号、中椒8号等，可采用的尖椒品种有中椒6号、湘研1号、湘研3号、苏椒5号、苏椒6号等。

(二)培育壮苗

日光温室秋冬茬甜(辣)椒多在7月中下旬播种，9月上中旬定植。育苗期正值高温多雨，易发生病虫害，因而要采取防雨、防热和防病虫的措施。苗龄50～60天、秧苗7～8片叶时定植。

1. 做好苗床 做苗床的地块要平整，选在能排灌水的地方。夏季育苗应选高燥地块，增施充分腐熟的农家肥做底肥，使床土含有各种速效矿质营养，以满足秧苗迅速生长的需要。苗床土壤的通透性和持水性应良好，不在粘性大或砂性大的地块育苗。不在上茬种过茄科蔬菜的地块育苗。营养土的配制参照大棚甜(辣)椒栽培技术。苗床整地要细致，充分耙平。如果选用的品种其种子价格昂贵，最好采用营养钵或穴盘育苗，保护根系。

2. 采用临时性保护措施 夏季育苗防病的重点是预防病毒病。要对苗床采取临时性保护措施，如用遮阳网覆盖或用竹帘、芦苇等搭成荫棚降低苗床温度，均有利于预防病毒病。蚜虫、白粉虱是造成病毒病流行的主要传播媒介。因此，用防虫网防蚜育苗，或用银灰色反光塑料薄膜间隔遮盖防蚜育苗，以及用化学药剂杀虫，均是预防病毒病的有效措施。

3. 播种 一般不进行浸种催芽，而是将干籽直接播于育苗畦或育苗盘内，以防播种后管理不当造成烂籽而不出苗。也可浸种催芽，用10%磷酸三钠浸种20分钟，然后用清水漂洗干净，催芽播种，可预防病毒病。

夏季播种温度高，水分蒸发快，秧苗又生长快，需水多，所以播种前就要保证苗床有足够的水分。用育苗床育苗的进行撒播，播后覆盖细土2厘米左右厚。若盖土薄，易失水，种子发芽困难。用营养钵或穴盘育苗的，一钵或一穴内播2粒种子。播后立即遮荫，并加盖防虫网，苗畦上也要覆盖地膜保湿。

4. 苗期管理 苗期管理的重点是抗灾保苗，防止干旱、秧苗徒长及杂草丛生。

为预防暴雨灾害，特别是在多冰雹地区，更应注意用覆盖物遮盖保苗。但在有些年份或有些地区，因夏季少雨，在育苗时会遇到干旱致使死苗，可用喷雾器在床面上喷水，出苗以后在早晨或傍晚往苗床中浇水。防干旱的同时还应防止幼苗徒长。夏季由于温度高，秧苗极易徒长，徒长以后会对花芽分化以及产量造成不良影响。因此，浇水量一般不可过大，在傍晚或早晨用喷壶洒水或浇小水，切忌大水漫灌。水分管理总的要求是，出苗后保持畦面见干见湿，不宜过分控水，也不能浇水过多。夏季杂草最容易生长，稍不注意就会形成草吃苗的现象。因此，苗床除草非常重要。杂草一般比蔬菜出苗早，可抓住时机在小草刚出土时将杂草消灭。或者用除草剂防治，既省工，效果又好。播种后出苗前，在苗床湿润的情况下施用除草剂除草。每667平方米用48%地乐胺乳油200毫升或48%氟乐灵乳油120毫升于苗前处理是安全的。如果没有施用除草剂，则应及时拔除苗田杂草。每次拔草后应注意浇水。

分苗或间苗：秧苗营养面积过小也易造成幼苗徒长。因此，在秧苗长至2叶1心时应及时分苗，分苗的穴距为10厘米见方。由于秋冬茬甜（辣）椒育苗期比较短，也可以将种子直接按10厘米见方的土方播种，而不进行分苗。此外，分苗后仍有徒长现象的应采用化控的方法，在4叶期和6叶期用矮丰灵300～400倍液各喷1次，可使幼苗粗壮、叶色深绿、叶片增厚，促进花芽分化。

采用营养钵或穴盘护根育苗的，当幼苗长至1叶1心时，趁傍晚或阴天查苗、补苗，一钵或一穴内2株。长至4叶1心时，可视情况摆开营养钵或穴盘，以增加幼苗的营养面积。

在苗期喷施2～3次0.3%磷酸二氢钾或0.2%尿素溶液，以提高幼苗质量。还要注意防治蚜虫，出苗后喷2～3次灭蚜药剂。喷药时可加入叶面肥一起喷洒，以减轻劳动强度。

定植前的20天左右，逐渐去掉遮阳物，防止幼苗生长后期细弱。

植株具有8～9片真叶、苗高15～20厘米、茎粗、节间短、70%现蕾时，即可准备定植。

（三）定　植

选择地势高、土层肥厚、保水保肥能力强、排水良好的壤土或砂壤土地块，最好不与茄科作物连作。上茬作物收获后深耕晒垡。秋冬茬甜（辣）椒定植期为9月中旬左右，争取在定植前将温室骨架做好，或进行温室修补。定植前每667平方米温室施优质有机肥5 000～7 000千克，磷酸二铵15千克，硫酸钾15千克，深翻细耙。做成1.3米宽的平畦或小高垄。大行距 60 厘米，小行距 50 厘米，垄高 15 厘米。在小行间每两垄覆盖一幅地膜，以便进行膜下暗灌。

当秧苗达到壮苗标准时，选晴天下午或阴天栽苗，以利缓苗。穴距 35 厘米，每穴 2 株，每 667 平方米日光温室定植 3 800～4 000 穴；大果型品种采用单株定植，每 667 平方米定植 2 400～2 700 株。全室定植完毕顺沟浇大水。

（四）定植后的田间管理

秋冬茬甜（辣）椒在生育过程中要经过高温、强光、多雨再过渡到低温、弱光的环境条件，对甜（辣）椒的生育十分不利。因此，定植后的管理要点是：前期要遮荫防高温，后期天气转冷要加强保温。

1. 遮荫降温 定植后的 1 周内一般都要遮荫，保持棚内温度在 30℃左右，缓苗后逐渐去掉遮荫物。定植时外界气温较高，温室要昼夜大放风。

2. 肥水管理 秋冬茬甜（辣）椒定植期外界温度仍较高，温室通风量大，水分蒸发量也大，要注意浇水，保持土壤湿润。在浇定植水的基础上，需在定植后 3～5 天补浇缓苗水。这次浇水既要及时又要足量，以促进缓苗。缓苗后再视土壤情况浇 1 次水，以后便不再浇水，而是进行中耕蹲苗保墒，防止徒长。门椒开花坐果时切记不要浇水，一直到门椒坐果后才开始浇水追肥，这是栽培的关键，否则浇水过多，极易徒长，以后很难控制。当门椒长到山楂大小时（定植后 20～25 天），结束蹲苗，开始追肥浇水，但要加强温室内通风透光，减少落花落果。结合浇水每 667 平方米追施尿素 10 千克左右，同时进行叶面喷肥。可用 0.2%尿素和 0.3%磷酸二氢钾混合液，也可用微量元素、爱多收、蔬菜王等叶面肥。以后浇水施肥根据天气情况而定。一般前期 1 周左右浇 1 次水，15 天左右追 1 次肥，每

667平方米施三元素复合肥10千克左右。以后天气转冷时，浇水追肥次数减少。严禁大水漫灌，否则会降低植株的抗寒性。

3. 温湿度管理 定植缓苗后，加强通风降温降湿，防止徒长，温室内温度不宜超过30℃。蹲苗期间空气相对湿度控制在50%～60%，湿度过大会导致门椒落花落果。进入盛花期，保持空气相对湿度在75%左右。10月份以后气温下降，注意温度管理，将通风口关小，保持夜间温度在15℃～18℃。当外界夜间温度低于15℃时，夜间要放下温室前底脚薄膜，关闭通风口。白天温度掌握在25℃～27℃，夜间温度掌握在15℃～18℃。当外界夜间最低温度达不到10℃时，夜间要开始覆盖草苫。随着外界温度进一步下降，草苫下要增加纸被或采用其他措施保温。在保温的同时应注意湿度管理，每次追肥浇水后，于晴天中午连续几天短时间放风，降低湿度，减少病害的发生。

4. 中耕培土 从缓苗后浇水到门椒坐果结束期间进行中耕蹲苗，连续中耕2～3次，并结合中耕向根部培土，防止甜(辣)椒植株后期倒伏。甜(辣)椒封垄后不再中耕。

5. 植株调整 当门椒开花坐果后，去掉门椒以下的侧枝。以后随着植株的生长，侧枝萌发力加强，可根据植株生长势去掉一些细弱枝和空枝，减少养分消耗，增强通风透光。当生长过于旺盛时，可以喷施矮壮素、矮丰灵或助壮素等植物生长调节剂，但要注意使用浓度。由于甜(辣)椒秋季生长期间温度较高，植株体内水分含量也较高，植株直立性较差，最好立横栏搭架，用竹竿或尼龙绳均可，既防植株倒伏，又便于田间操作。

6. 其他管理 甜(辣)椒从苗床移栽到温室后，继续加强对蚜虫和白粉虱的防治，同时喷施防病毒病的药剂，如病毒

A、抗毒剂1号、病毒必克、植病灵等。

(五)采 收

甜(辣)椒在定植缓苗后50～60天即可分批采收上市。采收应注意根据市场行情和植株长势进行。强调门椒早收,防止对植株生长势或上位果的抑制。进入中后期以后,果实基本都已坐住,可陆续或一次性采摘上市。如果市场行情不理想,可以尽量延迟采收,并结合贮藏保鲜或秧上保鲜,延缓上市时间,最晚可延至元旦或春节期间上市。此期间甜(辣)椒上市可以取得较好的经济效益。

二、甜(辣)椒冬茬栽培

在华北地区,冬茬甜(辣)椒栽培一般在9月上旬至10月上旬播种育苗,11月下旬至12月下旬定植,翌年1月份始收,供应冬春季淡季市场。这期间外界气温由高渐变低,光照由强渐变弱,栽培难度较大。温室设施条件、品种选择以及定植后管理稍有不当,就会失败。因此,要根据外界气候的变化特点和甜(辣)椒的生长发育要求,采取合理的栽培管理措施,以达到理想效果。

(一)选择适宜的品种

由于冬茬甜(辣)椒的结果期在寒冷的冬季,应选择耐低温弱光、抗病性强的品种。可用中椒6号、湘研1号、湘研3号、湘研4号、湘研11、苏椒5号、湘研19等国内品种,以及从德国、以色列、荷兰等引进的优质、丰产、耐寒、抗病、适合市场要求的品种。我国北方一些地区过去以喜食甜椒为主,现在开始喜食微辣味椒,尤以冬淡季表现更甚,市场销售和行情一直看好。因此,建议越冬茬栽培以选用微辣至辣味品种为主。

(二)培育壮苗

冬茬栽培在9月上旬开始播种，播早了病害重，播种过晚，难以在严冬前光照、温度都较好的时期搭起丰产架子。播种期的外界温度仍较高，播前种子处理，除温汤浸种外，还应用10%的磷酸三钠浸种20分钟，以预防病毒病。种子消毒后，用清水反复冲洗干净再催芽。当种子“露白”时即可播种。

播种床应选在地势高燥、通风良好、排水方便的地方。将苗床整平，铺好营养土，浇透水，水渗后撒一层潮湿细土，然后用72.2%普力克400～600倍液喷洒苗床，每平方米用2～4升药液，喷洒后随即播种，每667平方米需种子50克左右。播后覆土1～1.5厘米厚。保持土壤湿润，4～5天可出苗。也可用128孔的穴盘育苗，每穴播2粒。

越冬茬育苗期间气温尚高，播种后，在苗床上搭荫棚遮光防雨，以减轻病害的发生。出苗后要及时间苗，及时喷药防病治虫，以提高苗株成活率。分苗也必须及时，过晚就可能形成徒长的弱苗。由于从播种后到定植的整个苗期温度高，水分状况适宜，苗期一般需60～70天。

适于定植的壮苗标准是：株高15～18厘米，生理苗龄8～10片叶，第一分枝的第一花蕾处于即将开放状态，定植后很快就能开花。定植苗太小时，则茎叶生长量小，容易引起大量落花落蕾，以后整枝也困难；定植苗过大时，植株发根慢，尚未长起植株就开始结果，造成“花打顶”而形成小老苗，以后发育不良，影响生长。

(三)定　植

定植前要进行温室消毒和精细整地。温室消毒用硫黄、敌敌畏和锯末混合后熏棚，每100平方米用硫黄和敌敌畏共0.15千克、锯末0.5千克。熏烟后密闭棚膜48小时，通风24

小时后棚内无熏烟味才可定植。越冬茬长期栽培必须施足底肥，整地也必须精细，每667平方米日光温室施腐熟有机肥不少于7 500千克、过磷酸钙100千克或磷酸二铵50千克和硝酸钾20千克。施肥后深翻25～30厘米，使肥土充分混匀，并搂平。然后做成南北大小行高垄，大行距70厘米，小行距50厘米，垄高15厘米。

覆盖地膜。日光温室冬茬栽培甜(辣)椒，低温弱光是限制其生长的主要因素，应采用地膜覆盖及膜下暗灌技术，以提高地温，降低温室内的湿度，减少病害的发生。在定植前用幅宽90厘米的地膜将两个相距50厘米宽的高垄盖起来，以便进行膜下暗灌。或直接将地膜覆盖在高垄上，膜下铺设滴灌设施效果更好，既降低湿度又节水。

在确定的定植期内选晴天定植。华北地区在11月下旬至12月中下旬定植。定植密度为每667平方米3 500～4 000穴，每穴2株。彩椒及其他大果型品种采用单株定植。定植时要浅栽，不要深栽，否则易诱发病害。

(四)定植后的田间管理

1. 肥水管理 定植时结合栽苗浇定植水。定植水不宜过大。缓苗后再浇缓苗水，以后在土壤干湿适宜时及时中耕除草，进行蹲苗，促使根系深扎和茎秆坚实，同时降低气温，以避免茎秆细弱徒长引起大量落花。为防止徒长，可用0.1%矮壮素喷雾。大量开花坐果时开始追肥浇水，结束蹲苗。每667平方米日光温室施尿素20千克，饼肥50千克。进入结果期后，隔1次浇水追1次肥，每667平方米施尿素15千克或硝酸钾10～15千克。在12月下旬至翌年2月中旬的低温弱光期，植株基本已长大，光线也较弱，浇水应适当减少，以免降低地温，影响生长。一般15天左右浇1次水，并强调只在上午浇水。春季温度升高后，如温室内空气干燥，高温常会妨碍开花受精，引起落花，此时应适当加大浇水量。

2. 温度管理 定植后到缓苗前温度宜高，以促进缓苗。因此，定植后要闭棚保温保湿，但要注意防止中午高温烤苗，温室内温度超过30℃时要放风。一般白天气温保持在28℃～30℃，夜间气温保持在18℃～20℃，地温保持在20℃～23℃。缓苗后白天气温保持在25℃～28℃，夜间气温保持在17℃～18℃，地温保持在16℃以上。随着外界气温降低，要逐渐关闭通风口。当外界气温降到15℃时，开始加盖草苫，严冬来临前还应加盖纸被。据山东寿光的经验，在草苫外再盖一层旧棚膜，温室底部用多个装土的编织袋压实，在深冬季节的保温效果很好。草苫要早盖晚揭，加强保温。以后随着光照变弱，天气变冷，管理的温度可适度下降。

3. 植株调整、搭架 习惯上甜(辣)椒是不用支架的，但作为越冬栽培，生长期长，植株高大易倒伏，进行搭架和防止枝条下垂劈裂是不可忽视的。一般是在定植后20～25天，在每一定植行的上方拉起1道南北向的14号铁丝，用尼龙绳吊枝。根据整枝需要吊双杆或三杆。尼龙绳下端分别系于所留主枝上，上边系到铁丝上。也可采用立横栏搭架防倒伏。

整枝：根据甜(辣)椒生长情况进行双杆或三杆整枝。彩椒一般采用双杆整枝，其他甜(辣)椒采用三杆整枝。当门椒坐住后，将第一分枝下的侧枝去掉。甜(辣)椒最忌枝条重叠。前期应剪除拥挤的枝条，以防止直立生长；12月中旬后发生大量枝条，造成内部拥挤，枝条互相重叠，要疏剪掉一部分下部重叠的枝条；进入翌年2月份，气温升高，枝条生长量大，会产生一些徒长枝，更应及时疏剪掉。总之，在整个栽培过程中，要整理成双杆或三杆，增加通风透光。

摘叶：在冬茬甜(辣)椒生长的中后期，要及时摘除下部病叶、老叶，以减少病害发生和增加光照。

4. 保花保果 甜(辣)椒开花坐果时，外界气温很低，坐果困难，落花落果严重，除加强保温等管理措施外，须用植物生长调节剂处理来保花保果。开花时可用 20～30 毫克/升 2,4-D 涂抹花柄，方法同大棚甜(辣)椒恋秋栽培。

(五)采 收

随着果实的商品成熟，门椒和对椒适当早收，防止坠秧。进入盛果期，可视植株生长情况和市场需要适时采收，并注意防治病虫害。

三、甜(辣)椒早春茬栽培

甜(辣)椒的早春茬栽培，重点是满足早春至初夏的市场供应。甜(辣)椒上市期可比大棚提早 20 天左右，相应延长了采收期，产量和产值均高。早春茬栽培管理比较容易，是经济效益和社会效益比较好的一茬。

(一)选择适宜的品种

在选择品种时，首先要选择早熟、株型紧凑、适于密植、耐低温弱光、抗病性强的优良品种。其次还要考虑当地的消费习惯和市场需求。北方地区喜食甜椒的地方，目前已开始向食用微辣型椒方向转变，微辣型灯笼椒行情看好。所以应注意甜椒与微辣型椒相结合。北方地区适宜的甜椒品种有甜杂 2 号、海花 3 号、中椒 5 号、中椒 7 号等中早熟品种，微辣型的有中椒 6 号、湘研 1 号、湘研 11、湘研 19 等牛角椒或大牛角椒品种。

(二)培育壮苗

1. 播种期确定 甜(辣)椒的早春茬栽培，主要目的是争取早熟、早上市，弥补早春蔬菜淡季的供应不足，获取高额季节差价，选择适宜的播种期是实现这一目的的关键。播种期要根据实际需要的日历苗龄和温室前茬作物可腾地的时间来确定。一般华北地区的播种期在10月中旬至11月上旬。

2. 育苗方式 甜(辣)椒幼苗期对温度要求比较严格，若温度达不到要求，不但幼苗生长缓慢，对花芽分化也极为不利，所以应该利用加温温室或在日光温室内设置电热温床、酿热温床进行育苗。播种后苗床上还要加扣小拱棚，夜间拱棚上覆盖薄膜，以提高床温。为了促进早熟，育苗时一般采用保护根系的措施，如营养钵育苗、穴盘育苗。穴盘育苗在生产上很有发展前途，既减少了土传病害及其他病菌的传染，又可集中大量培育幼苗，同时几乎没有缓苗期。穴盘育苗的方法可参考本书大棚甜(辣)椒栽培的有关部分内容。

3. 药剂处理 可先将种子用温汤浸种后，捞出再放入10%磷酸三钠溶液中浸20分钟左右，可钝化病毒的活性，具有抑制病毒的作用。为了防止炭疽病和其他病害，可将种子放入1%硫酸铜溶液中浸泡5分钟，然后捞出用清水洗干净后进行催芽。还可用福尔马林(40%甲醛溶液)150倍液浸种15分钟后洗净催芽。

4. 催芽 种子捞出后用湿布包起催芽，温度要控制在28℃～30℃。当70%的种子“露白”后即可播种。

5. 幼苗出土至分苗前的管理 幼苗出土期间地温保持在20℃～25℃。当大部分幼苗出土后，要撤去地膜，并适当将夜间温度降低到12℃～15℃。子叶展平后再进行1次覆土。这样既可保墒，又能降低空气湿度，促进幼苗健壮。子叶展平时及时间苗，并去掉弱苗和病苗。间苗后再行覆土护根。

6. 分苗 分苗在2～3片真叶时进行。分苗的株行距为

10厘米见方。苗期一般不浇水，若出现缺水现象，可浇小水或喷水。

7.分苗后的管理 分苗后到缓苗期间，白天温度保持在28℃～30℃，夜间保持在18℃～20℃，有利于提高地温，促进根系活动。缓苗后温度适当降低，白天保持在25℃～26℃，夜间保持在15℃～16℃。早春茬甜(辣)椒的幼苗期是从低温向高温过渡，在育苗后期注意放风，降低温度，防止幼苗徒长。定植前10～15天进行低温锻炼，白天加大通风量，夜间温度也要降到10℃～13℃，以提高幼苗抗寒力。

8.穴盘苗的管理 穴盘育苗时应注意水分和营养的管理，相对于土壤育苗浇水次数要多，当穴孔内出现缺水时就应及时浇水，一定要照顾到穴盘四周的苗，尤其是四个角的苗。当幼苗1叶1心时开始浇灌营养液。叠盘催芽及其他管理可参考本书大棚甜(辣)椒栽培的穴盘育苗内容。

当日历苗龄90～110天，生理苗龄9～10叶，第一花蕾出现，茎粗达3厘米左右时，即符合壮苗标准。

(三)定 植

温室前茬作物收获后及时整地。每667平方米施腐熟有机肥8000千克左右，过磷酸钙100千克，尿素50千克，硝酸钾30千克。深翻、搂平、做畦。可做成平畦，也可做成小高垄。方法同秋冬茬甜(辣)椒栽培。

甜(辣)椒喜温不耐寒，定植过早，温度低，不易缓苗。定植期宜在1月中旬至2月上旬，这时气温逐渐转暖，阴雨雪天减少，定植后容易成活。定植时根据情况采用双株或单株栽。穴距35～40厘米，行距60厘米。选冷尾暖头天气定植，即阴天刚过、晴天开头。采用水稳苗法(暗水定植)，把苗摆在沟中，培土稳坨，浇定植水，水渗后埋土封沟。然后覆盖地膜，把苗引出膜外，并用土封严膜口。也可在栽苗前先铺地膜，再定植。

(四)定植后的田间管理

1. 肥水管理 定植水浇足后，为避免浇水后降温，缓苗期间一般都不浇水，可在每天进行叶面喷雾，既可促进缓苗，又可增加产量。如果结合喷雾加入0.2%磷酸二氢钾，则效果更好。定植水浇得少的，可选晴天上午浇缓苗水。缓苗后至开花坐果期控制浇水，以免落花落果。这期间进行中耕蹲苗，一般中耕2～3次。当门椒长到核桃大时开始浇水，结合浇水每667平方米日光温室穴施饼肥50千克，尿素25千克。2月份温度偏低，切忌浇明水、放大风，应采用膜下沟灌或者膜下滴灌，以提高地温和降低空气湿度。不要在阴天、雨天、雪天浇水，要选晴天的上午或中午浇水。进入盛果期，保持土壤见干见湿。结合浇水，可隔1次浇水追1次化肥，每667平方米用硝酸铵15～20千克或硝酸钾10～15千克，两者交替施用。天气转暖后，放风量大，灌水间隔天数要相应减少，灌水量要逐渐加大。到4月份，随外界温度升高，水肥要保证，一般7～10天浇1次水，隔水施1次肥。到了夏季，温度高，土壤蒸发量大，要保持地面湿润，但又不能大水漫灌，始终保持不缺水又疏松通气的土壤环境。

2. 温湿度管理 定植后因外界温度较低，必须加强保温，密闭不放风，1周内保持气温在28℃～32℃，甚至到35℃也可不放风，以增加温室蓄热，促进缓苗。当甜(辣)椒心叶开始生长，表明已经缓苗。缓苗后到门椒坐果期间，对温度要求比较严格，温度过高影响坐果率。白天保持在25℃～28℃，夜间保持在15℃～17℃。地温保持在18℃～20℃。白天温度超过30℃时要放风。因是寒冷季节，放风要放顶风，不能放底风，如放底风，底风风口处易落花落果。当温度降到25℃时关闭通风口。夜间要注意加强保温。

2月中下旬以后，随着天气转暖，要逐渐加大通风量。先从顶部通风口放风，再打开肩部通风口，以加强空气对流。白天温度应控制在30℃以下，尽量不出现30℃的高温。要增加放风口，加大放风量。当外界气温不低于15℃～16℃时，华北地区在4月中下旬，夜间可以不盖草苫。以后随着温度的升高，揭开底脚薄膜昼夜进行通风，防止高温、高湿使植株徒长，引起落花落果。当甜（辣）椒进入采收期后，夜间温度应控制在15℃～18℃。如果夜间温度在20℃以上，虽然果实膨大加快，但植株趋向衰弱，易早衰；相反，如果夜间最低温度低于15℃，甜（辣）椒开花数就减少，坐果率降低，畸形果增多，尤其易出现僵果。夏季来临后，应将温室前底脚薄膜全部卷起，顶部也打开通风口放对流风。

甜（辣）椒要求的空气相对湿度是60%～80%，空气湿度低时，对光合作用不利。土壤要保持湿润，但不能只看地表面，要特别注意土壤深层含水量，一般应达到田间最大持水量的20%左右。

3. 植株调整 早春茬甜（辣）椒生长势强，植株高大，进入采收盛期枝叶已显郁闭，行间通风透光差，适当地整枝打杈很有必要。门椒坐果后，将第一分枝以下萌发的腋芽及时抹除。在门椒结果后，如果发现植株上有向内伸长且长势较弱的枝，应当尽早摘除。总之，从门椒结果开始，对徒长枝、重叠枝及时剪除，避免出现枝条互相重叠、内部拥挤的现象。到结果中后期，在晴天下午，摘除植株上的老叶和病叶。当进入采收盛期时枝叶茂盛，行间通风透光差，更应注意整枝打杈。为防止植株倒伏，可立竹竿搭架或立横栏，方法参照大棚甜（辣）椒栽培的有关内容。

进入生长后期，根据生产需要，可于集中采果后拉秧腾地。有的还可恋秋栽培，由于早春茬甜（辣）椒生长的后期植株老化，生长发育状况不好，要进行枝条修剪更新。具体方法是在 7 月底 8 月初选择晴天上午，将四门斗枝条剪断，留二级侧枝，加强肥水管理，一般每 667 平方米施农家肥 3 000 千克，饼肥 25 千克，磷酸二铵 10 千克，促使侧枝萌发，进行越夏恋秋栽培。为避免剪口感染炭疽病、病毒病，应及时喷波尔多液或多菌灵，1 周后再喷 1 次。剪枝 1 周后用 0.3%～0.5%磷酸二氢钾溶液进行叶面追肥。夏季用遮阳网遮荫，一般 8 月下旬可进入果实采收期。9 月下旬以后加强保温，采收期可以延至元旦。

4. 保花保果 开花时用 20～30 毫克/升 2,4-D 涂抹花柄或喷花，也可用防落素处理。

（五）采　收

门椒、对椒应适当早收，以免坠秧，影响植株生长，尤其长势较弱的植株，更应及早采收。进入盛果期，依据植株生长情况和市场要求，及时采收。此后采收的原则是果实充分长大、果肉变硬以后采收。由于温室甜（辣）椒比较柔嫩，枝条很脆，采收时最好用剪刀从果柄处剪断。

思考题

1. 秋冬茬和早春茬甜（辣）椒栽培育苗时有何区别？

2. 冬茬甜（辣）椒栽培应注意哪些关键技术？

第六章　甜(辣)椒生理障碍的识别与防治

一、甜(辣)椒营养失调与防治

(一)缺　氮

1. 症状　枝条生长不良，植株生长受阻，新叶小且呈浅黄绿色，下部叶片发黄，老叶黄化，严重时整个植株变为浅黄绿色，果实发育不良，果色变淡，果个小。

2. 防治方法　增施氮肥，尤其要增施有机肥。在植株表现缺氮症状时，追施速效氮肥，如尿素、碳酸氢铵、硝酸铵等，效果明显；同时叶面喷施 0.2%尿素溶液或 0.2%尿素加 0.3%磷酸二氢钾混合液。苗期缺氮时，进行叶面喷肥见效快，一般 1 周左右叶片就能转绿。

(二)缺　磷

1. 症状　枝条稀少，植株生长发育受阻，幼叶小而硬，呈暗绿色。

2. 防治方法　将磷肥与有机肥混合沤制施用，可以减少磷被固定的机会。在植株表现缺磷症状时，根部追施速效磷肥，如氮磷钾复合肥、磷酸二铵等，效果明显，同时叶面喷施 0.3%磷酸二氢钾溶液。

(三)缺　钾

1. 症状　老叶片叶缘黄化，气温高时叶片卷曲，植株低矮，节间短，叶小。特点是从老叶向新叶发生，叶黄化干枯。

2. 防治方法 目前，忽视钾肥的施用是作物缺钾的主要原因，氮肥过多也会影响钾的吸收。因此，应增施有机肥和钾肥。在植株表现缺钾症状时，追施速效性钾肥，如硝酸钾等，效果明显。同时叶面喷施0.3%磷酸二氢钾溶液或1%的草木灰浸出液。

（四）缺　钙

1. 症状 植株上部叶片边缘失绿黄化，最小的叶片停止生长，叶缘向上卷曲，发展到后期，叶尖和叶缘枯萎，生长点坏死，植株从上向下死亡。

2. 防治方法 在无土栽培时，要注意钙肥的施用。在植株表现缺钙症状时，叶面喷施0.5%氯化钙溶液，效果明显。

（五）缺　镁

1. 症状 主要表现为植株黄化，但叶脉仍保持绿色，植株矮小。

2. 防治方法 由于施用钾肥和氮肥过多时，会影响植株对镁的吸收，所以要合理施肥。在植株表现缺镁症状时，可追施钙镁磷肥，同时喷施1%～2%硫酸镁溶液。

（六）缺　铁

1. 症状 上部叶片叶缘失绿，并扩展到整个叶片，最后叶片几乎和果实也转变为黄色。

2. 防治方法 叶面喷施硫酸亚铁可明显减缓缺铁症状。

（七）徒长型植株

1. 症状 幼苗出土后，下胚轴过长，形成高脚苗；成株期节间长，叶柄长，枝条向上生长，花小且质量差。

2. 防治方法 幼苗出土后，降低温度防止下胚轴徒长；肥水管理要适宜，掌握好门椒坐果后浇第一水的时间，不能过早，否则极易引起徒长；植株生长期的夜间温度不能过高，氮肥和水分也要适宜。

（八）苗期沤根

1. 症状 幼苗出现黄叶，长期不能长出新根，根系呈褐色，并腐烂，致使幼苗死亡。

2. 防治方法 原因为苗期温度低，且苗床水分过多。地床育苗时，播种前一次性浇透水，整个苗期一般不浇水，尤其在深冬季节更不能浇水；土壤过湿，可撒些细干土，或用电热温床育苗提高地温，可预防沤根发生。

（九）日烧病

1. 症状 甜（辣）椒日烧病主要发生在果实上。果实向阳部分在强光照射下褪色，呈灰白色或浅白色革质状变硬，病斑表皮失水变薄，组织变硬，容易破裂且被腐生菌侵染，长一层灰黑色霉或腐烂。

2. 发病规律 日烧病是强光照射引起的生理病害。引起日烧的主要原因是夏季高温期叶片遮荫小，强光直射到果实上，果实局部受热，灼伤表皮细胞所致。在种植密度过小、植株叶片稀少、遮荫不好、天气炎热、土壤缺水或雨后曝晒等情况下易发生。

3. 防治方法 露地栽培采用每穴双株栽，加大叶片遮荫量，可减轻危害。间作高秆作物，如玉米、菜豆、棉花等。尤其棉花甜（辣）椒套种，在棉花高产的基础上，多收一茬甜（辣）椒，效益显著，又减少了日烧病和病毒病的发生。培育壮苗，合理密植，覆盖地膜，促进植株早发棵、早封垄，枝繁叶茂，加大遮荫量，结果期浇水均匀，防止土壤干旱引起地温升高。结果盛期可喷施1%过磷酸钙水溶液或0.2%硝酸钙或0.5%氯化钙水溶液，每7～10天喷1次，连喷2～3次。

（十）脐 腐 病

1. 症状 主要危害果实。初染病时，在果顶部呈白绿色水浸状斑点，后斑点扩大至半个果实。病斑皱缩塌陷，常伴随腐生菌侵染而呈黑褐色或黑色。

2. 发病规律 引起甜（辣）椒脐腐病的因素是高温干旱或土壤中缺钙。偏施氮肥、营养生长过旺、果实不能及时补充钙素也易发生此病。

3. 防治方法 注意结果期浇水要均匀，避免叶片长期缺水，防止土壤高温干旱。合理施肥，不偏施氮、钾肥。若土壤缺钙，根据土质状况施用消石灰做底肥，同时增施有机肥改良土壤。在植株表现缺钙症状时，叶面喷施 0.5％氯化钙溶液，效果明显。

（十一）畸 形 果

甜（辣）椒畸形果是指与正常果形不同的果实。

1. 发生原因 ①受精不完全。在甜（辣）椒花芽分化期遇到低温、弱光以及营养不良，致使花芽发育不良，或开花期花粉萌发温度不适宜，过高或过低，不能正常受精，出现单性结实，形成僵果或其他畸形果。②营养不良。肥水过多或不足，光照不良，都可引起畸形果。

2. 防治方法 预防畸形果要从苗期开始，初期和中期要防止低温。合理施肥，保证肥水供应。开花期保持适宜的温度，以保证正常授粉受精的需要。

（十二）落花落果

1. 发生原因 甜（辣）椒早期落花落蕾一般在春季，主要由于低温、干旱、风大引起。进入夏季，高温多雨，植株易徒长，导致落花落蕾甚至落果。总之，甜（辣）椒的落花落蕾的原因，归根结底是营养不良，特别是氮素不足或过多，使营养分配不均而引起落花落果。

2. 防治方法 加强田间管理，合理施肥浇水，改善甜（辣）椒生长环境。开花后用30～40毫克/升防落素喷花，促进坐果。采收时强调门椒早收，防止对上位果和花的抑制，既可提高前期产量，又增加总产量。

近年来，在辣椒生产上出现的缺素症或由于养分供应不均衡诱发的生理障碍越来越多，农户往往凭经验进行大水大肥管理，忽视了甜（辣）椒对各种养分的选择吸收。土壤在连作栽培条件下，养分的有效性和供应总量均比不上生茬地，所以应实行轮作倒茬，并根据甜（辣）椒各生育时期的特点进行合理施肥，多施有机肥，增强土壤的自身调节能力。

二、甜（辣）椒药害、肥害和有害气体危害与防治

（一）药　害

1. 症状 药害发生后，叶片边缘失绿变成白色，或在叶片上产生白色的大斑点，最后病斑部干枯，有的脱落成穿孔。病斑并不蔓延，这是与侵染性病害的主要区别。

2. 发生原因 喷药时浓度过大，或在中午高温期喷药均可引起药害。

3. 防治方法 一旦发现有个别植株产生药害，要及时喷水。配药时，注意使用浓度和使用方法。喷药时间尽量选择在下午。

（二）肥　害

1. 症状 肥害主要发生在幼苗期。育苗时施肥量过多，尤其施用化肥过多，引起子叶肥大增厚，心叶小而不长。

2. 防治方法 配制营养土和育苗基质时，一定注意土和肥的比例，严格按照营养土的配制原则进行。采用穴盘育苗的，更应注意营养液浇灌的浓度。

（三）有害气体

棚室内危害甜（辣）椒的有害气体主要有氨气和一氧化碳气体。

1. 氨　气

（1）症状　在棚室内，主要危害近地表的叶片。叶片上先产生褪绿斑，后发生褐色病变。

（2）引起原因　是在棚室内施用了未腐熟的鸡粪、饼肥及其他有机肥，或在地表撒施了能产生氨气的化肥，如碳酸氢铵、氨水、尿素等。

（3）防止方法　发现有氨气积累时，要放风排除，同时立即处理产生氨气的源头。地面撒施化肥要结合浇水进行。施用充分腐熟的有机肥。在植株上喷洒1%食醋溶液（食醋与水的比例为1∶99），可以将叶面上的氨溶解，减轻危害。

2. 一氧化碳（煤气）

（1）症状　叶脉间一部分褪绿，褪绿部分呈不规则形。

（2）引起原因　加温温室或临时补温使用的煤火炉燃烧不充分时，容易产生煤气危害，有时还会危及到人的健康，使人窒息死亡。

（3）防止方法　温室内加温的火炉要安装排烟道，还要保证煤的充分燃烧，防止产生煤气。

在加温温室或临时加温时期，温室中容易出现一氧化碳等有毒气体危害；施用未腐熟鸡粪或其他有机肥时容易诱发氨气危害。在温室和大棚管理中，应加强加温期和定植初期的防范管理，避免上述有毒气体积累危害。有时可以采用简单方法辨别棚室内是否有毒气积累，如用舌头舔一下棚膜内壁的水滴，味道发涩则表明氨气较多，应加大通风量。加温期应避免烟囱漏烟。

思考题

1. 在棚室栽培过程中，温湿度管理不当容易出现哪些生理障碍？如何防治？

2. 如何预防有害气体对甜(辣)椒的危害？

第七章 甜(辣)椒病虫害防治

一、甜(辣)椒病害防治

甜(辣)椒的病害主要有猝倒病、立枯病、疫病、病毒病、炭疽病、白粉病、枯萎病、疮痂病、菌核病、根腐病和根结线虫病等。

(一)猝倒病

猝倒病又叫"卡脖子"。主要危害幼苗,尤其是1～2片真叶以前的幼苗受害最重,已木质化的大苗一般不再受害。

1. 症状 种子发芽后及出土前均可发病。出土前发病即烂种或烂芽。刚出土的幼苗易感病,首先在茎基部出现暗褐色病斑,条件适宜时迅速缩成线状,在苗株上部尚未表现出症状时,幼苗便迅速倒伏。在高湿条件下,病部会生出棉絮状菌丝体。

2. 传播途径及发病条件 病菌随病株残体在土壤中越冬或在腐殖质中腐生。病菌可在土壤中存活2～3年。有机质含量多的土壤中病菌较多。病菌靠雨水或土壤中水分的流动传播。气温在15℃～20℃时繁殖较快。因此,在春季或冬季育苗时,遇到阴雨或下雪天气,或温室的保温性差、通风不好、浇水过多,往往苗床温度低、湿度大,猝倒病发生严重。苗床上的猝倒病多从低洼积水或棚室滴水处点片发生。连阴天时发病重,阴天骤晴时常造成成片死苗。

3. 防治方法

(1)选择抗病品种　根据当地消费习惯及温度条件，选用耐低温或早熟品种。如湘研系列的耐寒品种。

(2)土壤消毒　播种前2～3周，每平方米苗床用70%甲基托布津可湿性粉剂5克加50倍细土拌匀，撒在苗床内；或每平方米苗床用福尔马林400毫升，加水50升均匀喷洒，喷淋后用塑料薄膜盖严，5天后去膜，待福尔马林气味挥发完再播种。或用50%多菌灵8～10克，加15千克细土拌匀制成药土，播种前先浇透底水，待水渗下后，取1/3药土撒在床面，再把余下的2/3药土撒盖在种子上，厚约1.5厘米，使种子夹在药土中间。

(3)农业防治　苗床要选地势高燥、排水良好的肥沃地块。在温室内应选多年未种过茄果类蔬菜的园土做床土。播种前加强育苗场所的通风散湿，床土要充分曝晒。出苗后尽量少浇水，以提高地温，并及时通风透光。用无滴膜盖棚室，改善光照条件，以利于光合作用的进行，提高幼苗抗病性。也可喷800倍绿风95植物生长调节剂，增强幼苗抗性。

(4)药剂防治　设施内优先使用粉尘法、熏烟法防病，轮换用药，合理混用，严格控制农药安全间隔期。幼苗发病后，可用50%福美双500倍液、50%多菌灵800倍液或72.2%普力克水剂400倍液、64%杀毒矾500倍液喷洒叶面。发病时用800～1 000倍液的高锰酸钾溶液灌根，然后清洗叶面，防止幼苗受害。

(二)立枯病

立枯病多发生在育苗的中后期，种子出土期及子叶期很少发病。

1. 症状　立枯病属真菌性病害。幼苗感病后，茎基部出现椭圆形褐色病斑，以后变细缢缩，茎叶萎蔫枯死。地上部白天萎蔫，夜间恢复，反复几天后才枯萎。病部有轮纹或褐色霉状物。大苗或成株受害时，茎基部呈溃疡状，地上部变黄、萎蔫，以至枯死。

2. 传播途径及发病条件 病菌在土壤中的病残体或腐殖质上越冬，借雨水、流水、土壤、肥料传播。病菌发育的适宜温度为17℃～18℃，高湿有利于发病。苗床温暖多湿、通风不良、幼苗徒长等均易引起发病。

3. 防治方法 与猝倒病防治方法相近。重点是加强苗床管理，并结合药剂防治。

（1）加强苗床管理 苗床及时放风，严防湿度过大。适时中耕，防苗畦中积水沤根。喷0.3%磷酸二氢钾溶液和0.3%尿素溶液的混合液，增强幼苗抗病力。

（2）土壤消毒 每平方米苗床用拌种双8克，掺细土4千克，播种时下铺上盖。

（3）药剂防治 喷施75%百菌清可湿性粉剂600倍液或64%杀毒矾可湿性粉剂500倍液、70%代森锰锌可湿性粉剂500倍液、70%甲基托布津800倍液、5%井冈霉素水剂1 500倍液、15%恶霉灵水剂450倍液、50%福美双或72.2%普力克水剂800倍液，兼防猝倒病。7～10天喷药1次，连喷2～3次。

（三）疫 病

疫病俗称死藤。全国各地都有发生，北方夏秋甜（辣）椒发病率较高。此病是甜（辣）椒的毁灭性病害。还可危害番茄、茄子、冬瓜等蔬菜。

1. 症状 甜（辣）椒在整个生长期均可发病，尤其是在开花结果期遇雨发病重。发病部位在叶、茎和果实上。幼苗发病时，在茎基部产生水渍状腐烂，最后猝倒或呈立枯状死去。成株期发病时，最初叶片白天萎蔫，夜间恢复，数日后，整株枯死。茎和枝条上产生暗褐色和黑色条斑，或在茎基部发生褐色软腐，湿度大时病部出现白色霉层。

2. 传播途径及发病条件 疫病属真菌性病害。病菌以卵孢子随病残体在土壤或粪肥中越冬。病菌经气流、雨水和水流传播引起病害流行。在田间经常有发病中心，遇到降雨、灌溉或湿度大时，病害扩散蔓延，发病加重。高温和高湿是此病流行的重要条件。病菌生长的适宜温度为 18℃～24℃。

3. 防治方法

(1)农业防治 实行与别科蔬菜 2～3 年的轮作换茬。培育无病苗木。合理灌溉，雨后排水，降低田间湿度。及时清除发病中心，减少扩散蔓延。可用小高畦或地膜覆盖栽培，避免大水漫灌。施用腐熟有机肥，增施磷、钾肥，防止病害扩大蔓延。

(2)药剂防治 每平方米用 10 克福美双拌细土 15 千克，播种时撒于苗床上，可预防苗期发生疫病。在苗期或成株期的发病初期，用 50%甲霜灵 600 倍液或 50%瑞毒霉 250 倍液灌根，每株浇灌 250 毫升药液。也可进行喷药防治，所用药剂有 40%乙磷铝可湿性粉剂 250 倍液、75%百菌清可湿性粉剂 600 倍液、64%杀毒矾可湿性粉剂 500 倍液或 25%瑞毒霉可湿性粉剂 800 倍液。每隔 7～10 天喷 1 次，连喷 2～3 次，遇雨补喷。

(四)病毒病

病毒病是危害甜(辣)椒比较严重的病害，在夏秋高温干旱季节发生重，是越夏甜(辣)椒的主要病害。它可造成甜(辣)椒落叶、落花、落果，对产量影响较大。在秋冬茬栽培中，如果育苗期间各环节管理跟不上，染病毒病的机会较多，导致生产失败的概率较大。

1. 症状 受害植株一般表现为花叶、黄化和畸形等三种类型。

(1)花叶型 病叶为明脉和褪绿，出现深绿或淡绿相间的斑驳，严重时叶脉皱缩畸形，果实变小，植株严重矮化。

(2)黄化型 病株叶片变为黄色，并有落叶现象。

(3)畸形型 心叶叶脉褪绿，叶片变小呈线状，通常称为蕨叶；节间缩短，植株矮化。

有时几种症状在同株上出现，引起落叶、落花、落果。

2. 传播途径及发病条件 病毒主要在土壤、杂草、病残体和种子中越冬，通过汁液摩擦或蚜虫、白粉虱传播。重茬地、缺水、秧棵小、高温干旱等发病重。

3. 防治方法

(1)选用抗病品种 一般甜(辣)椒比甜椒抗病。

(2)种子消毒 种子用10%磷酸三钠溶液浸20分钟，然后用清水洗净，再催芽播种，可有效预防病毒病的发生。

(3)农业防治 尽量降低田间温度，保持土壤湿度。在越夏栽培时，利用塑料薄膜或遮阳网覆盖；与高秆作物如玉米或黄瓜间作；加强肥水管理，使秧棵提前封垄，降低田间温度。及时防治蚜虫和白粉虱，预防传毒。

(4)药剂防治 在病毒病有可能发生的时期及早预防。用20%病毒A 500倍液或1.5%植病灵乳油300倍液或其他抗病毒病的药剂喷药，每7～10天喷1次，连喷3～4次。需要注意的是，药剂防治只是防止病毒病的辅助措施，起预防作用，不能根除病毒病。

（五）炭疽病

炭疽病是甜（辣）椒最常见的病害，各地普遍发生。除危害甜（辣）椒外，还可危害茄子和番茄等蔬菜。危害程度因致病菌种类而异，通常减产20％～30％，严重时可达50％以上。北京地区黑点炭疽病发生较普遍。

1. 症状 主要危害叶片和果实。

（1）黑色炭疽病 果实上出现圆形或不规则形病斑。病斑凹陷，水渍状，有同心轮纹。后期病斑上密生小黑点。湿度大时，病斑周围有褪绿色浸湿圈；环境干燥时，病斑组织失水变薄，很容易破裂。

（2）红色炭疽病 果实上出现圆形或不规则形病斑，黄褐色，凹陷，有同心轮纹。后期病斑上密生橙红色小点粒。湿度大时，病斑上有淡红色或粉红色粘液溢出。

2. 传播途径及发病条件 炭疽病属真菌性病害。病菌主要以菌丝体潜在种子内，或以分生孢子附于种皮，或随病残体在土壤中越冬。病菌产生的分生孢子可借助风雨传播，还可由伤口或表皮直接侵入。病菌繁殖的适宜温度为12℃～33℃，最适温度为27℃，适宜相对湿度95％以上。高温多雨或高温高湿，密度过大，氮肥过多，则炭疽病发生重。通风不良、排水不好、密植、施肥不当、氮肥过多以及病毒病大发生时，都会加重炭疽病的发生与流行。

3. 防治方法

（1）选用抗病品种 选用品种时，注意选抗病毒病能力强的品种，如甜杂2号、中椒2号、苏椒3号及湘研系列杂交甜（辣）椒品种等。

（2）种子消毒 播种前进行温汤浸种，水温为55℃，浸种10分钟。

(3)农业防治　实行与别科蔬菜2～3年轮作换茬。加强苗期及田间管理，培育适龄壮苗，增施磷、钾肥，避免密植，雨季及时排水，并预防病毒病及日灼病的发生，及时中耕除草，摘除老叶及病果。

(4)营养钵或育苗盘育苗　采用保护根系的措施育苗，可减少定植伤根，病菌难于侵入。

(5)药剂防治　发病初期及时喷药。可用80%炭疽福美800倍液喷雾，或用75%百菌清可湿性粉剂600倍液喷雾。此外，防治甜(辣)椒疫病的药剂对炭疽病也有效。用药方法见甜(辣)椒疫病的防治。

(六)白粉病

白粉病俗称白毛病。各地普遍发生。白粉病主要危害甜(辣)椒的叶片，是引起落叶的一种重要病害。

1. 症状　叶片、叶柄和茎均可受害，但以叶面为主。先在叶片的正面或背面长有近圆形的褪绿小黄斑点，逐渐扩大，密集，连成一片，直至整个叶片布满白粉。后期病斑呈灰白色，长有黄褐色小粒点，尔后又变黑色，并在叶片背面产生很薄一层白色霜状霉层。病叶发黄，极易脱落。

2. 传播途径及发病条件　白粉病属真菌性病害。病菌在土壤中的病残体上越冬。病菌多从叶片气孔侵入寄主引起发病。在田间，主要靠气流传播扩散。在温度为10℃～25℃且湿度大时，白粉病易流行，叶面有水膜时不利于发生。高温高湿与高温干旱交替出现、植株长势弱时，发病重。大棚栽培的甜(辣)椒，在夏秋季天气干旱、灌水过少的情况下较易发病。发病后大量落叶，着生的果实不易膨大。

3. 防治方法

(1)农业防治　合理灌溉，清除田间枯叶、病叶，降低湿度。以施用有机肥为主，增施磷、钾肥，提高植株抗性。保持田间适宜的空气湿度，防止土壤干旱和空气干燥。

(2)药剂防治　发病初期及时喷药。可用15%粉锈宁可湿性粉剂1 500倍液或农抗120的200倍液、75%百菌清1 000倍液、50%多菌灵800倍液、25%瑞毒霉1 000倍液。每7～10天喷1次，连喷2～3次。上述药剂最好交替使用。保护地内可用药剂熏蒸防治，效果很好，每667平方米用250克45%百菌清烟熏剂熏蒸，可同时防治其他病害，并且方便省力。

(七)枯萎病

枯萎病也叫蔓割病，全国各地都有发生。

1. 症状　发病初期，植株下部叶片大量脱落，与地面接触的茎基部皮层呈水渍状腐烂，软化缢缩，地上部茎叶迅速凋萎，后干枯纵裂，形成一纵向条状坏死区，后期全株枯死。病株地下部根系也呈水渍状软腐，皮层极易剥落，病株维管束变成褐色。在湿度大的条件下，病部常产生白色或粉红色的霉状物。

2. 传播途径及发病条件　枯萎病属真菌性病害。病菌随病残体在土壤中越冬。在田间，主要通过灌溉水传播。在土温达15℃以上时开始发病，以20℃～30℃为发病盛期。病菌可从甜(辣)椒上部的伤口侵入或直接侵入。连作地、浇水过多或排水不良的地块发病重，特别是雨后有积水时，发病更重。

3. 防治方法

(1)农业防治　最好与其他科作物实行3年以上轮作，是生产上经常采用的有效方法。选用抗病品种，采用高畦或地膜覆盖栽培，多施腐熟有机肥，均可减轻枯萎病的发生。尽量采用保护根系的措施育苗，增强植株的抗病性。选择易排水的砂性土壤栽种。合理灌溉，加强菜地沟渠管理，尽量避免田间过湿或雨后积水，雨后要中耕松土，增强土壤的通气性。

(2)药剂防治　药剂防治是防止枯萎病的辅助措施。播种前进行土壤消毒，用50%多菌灵或75%百菌清与床土拌匀，每平方米用药10克。为预防发病，可在定植后进行药液灌根，用50%多菌灵500倍液或40%多·硫悬浮剂600倍液、14%络氨铜水剂300倍液，每株灌药液250～500毫升，每7～10天灌1次，连灌2～4次。也可用50%甲基托布津可湿性粉剂1 000倍液在茎基部和根部淋洒。

(八)疮痂病

疮痂病也叫细菌性斑点病。露地和保护地栽培中发生都较普遍。苗期和成株期均可发病，可造成大量落花、落果、落叶。疮痂病除危害甜(辣)椒外，还可危害番茄。

1. 症状　甜(辣)椒疮痂病主要危害叶片，茎蔓、果实、果柄也可受害。叶片染病，初现许多圆形或不整齐的水渍状斑点，随着病情的发展，形成黑绿色至黄褐色不规则形病斑、凹陷，有时出现轮纹。病斑表皮粗糙，产生稍隆起的圆形或长圆形的黑色疮痂。病斑直径0.5～1.5毫米。病斑多时连成较大斑点，引起叶片脱落。潮湿时，疮痂中有菌液溢出。甜(辣)椒幼苗染病时，子叶上出现水渍状银白色小斑点，后变为暗色凹陷病斑。发病严重时引起幼苗全株落叶，最终幼苗死亡。

2. 传播途径及发病条件　甜(辣)椒疮痂病是由细菌侵染引起的。病原菌附着在种子表面或随病残体在土壤里越冬，成为初侵染源，翌年随灌溉水、农事操作传播。该菌与寄主叶片接触后，从气孔侵入，在细胞间隙繁殖，致表皮组织增厚形成疮痂状，病痂溢出的菌脓借雨滴飞溅或昆虫传播蔓延。病菌生长发育的最适宜温度为27℃～30℃，空气相对湿度在90%

以上时有利于发病。高温高湿是诱发甜(辣)椒疮痂病的重要条件。此病易在高温多雨的7～8月份发生。连作地块病菌数量多,发病重。棚室栽培时,在春夏季气温高、浇水多、放风量小、缺肥等条件下容易发病。

3. 防治方法

(1)农业防治　选用抗病品种,如湘研1号和湘研2号等。播种前进行种子消毒。先把种子用清水预浸6～8小时,然后用1∶10的农用链霉素浸泡半小时,再用清水漂洗干净后催芽播种。不与茄科蔬菜连作,实行3年以上的轮作,避免重茬。加强田间管理。在甜(辣)椒定植后,进行中耕蹲苗,促进植株根系发育,提高抗病能力。温室、大棚内注意通风降温,防止高温高湿。及时把病叶、病果、病株清除到室外,并深埋或烧毁。

(2)药剂防治　发病初期可喷波尔多液800倍液、14%络氨铜水剂300倍液、77%可杀得可湿性微粒粉剂500倍液、新植霉素4000～5000倍液、72%农用链霉素4000倍液。7～10天喷1次,连续喷3～4次。以上农药交替使用。

(九)菌核病

菌核病除危害甜(辣)椒外,还可危害白菜、萝卜、茄子、黄瓜、番茄、马铃薯、胡萝卜等多种蔬菜。在甜(辣)椒上常常引起茎基腐病。

1. 症状　此病在苗期和成株期均可发生。苗期染病,茎基部初呈水渍状浅褐色斑,后变棕褐色,迅速绕茎一周,湿度大时长出白色棉絮状菌丝或软腐,但不产生臭味,干燥后呈灰白色,病菌呈立枯状死亡。成株染病,主要发生在近地面茎部或茎分杈处,开始产生水渍状病斑,病斑绕茎一周后向上下扩展,湿度大时,病部表面生有白色棉絮状菌丝体,后茎部皮层霉烂，髓部成碎屑，病茎表面或髓部形成黑色菌核。菌核鼠粪状，圆形或不规则形。干燥时植株表皮破裂，纤维束外露似麻状。果实染病，果面先变褐色，后腐烂，逐渐向全果扩展。

2. 传播途径及发病条件 该病由真菌引起。主要以菌核在土中或混杂在种子中越夏或越冬，翌年温湿度适宜时，孢子借气流传播进行初侵染。菌丝从寄主伤口侵入，或直接穿过寄主侵入致病。田间的再侵染，主要通过病健株的接触传染，也可通过田间染病杂草与健株接触传染。病菌生长最适宜的温度为20℃左右，最低为0℃，最高为35℃，适宜的空气相对湿度应在80%以上，低于70%时病害受到抑制。因此，低温潮湿时发病重。在春秋两季温暖、多雨、潮湿时易发生；通风透光差、植株过密、偏施氮肥或有机肥不足易发病。

3. 防治方法

(1)种子消毒 温汤浸种。将种子于55℃水中浸泡15分钟，不断搅拌，冷却到30℃浸泡6～8小时后催芽播种。也可采用药剂拌种，用种子重量0.4%～0.5%的多菌灵或50%扑海因可湿性粉剂均匀拌种后播种。

(2)农业防治 不与茄科蔬菜连作，最好与禾本科作物实行3～5年轮作。施足底肥，及时深翻，覆盖地膜，防止菌核萌发出土。对已出土的子囊盘要及时铲除，严防蔓延。定植后控制好温度和湿度，注意通风透光，浇水宜在晴天上午进行，忌大水漫灌，阴雨天避免浇水，以利于降低棚内过高的湿度。防止夜间叶面结露时间过长，并做好寒流侵袭天气的防冻保温工作。及时中耕除草，拔除病株，清洁田园。

(3)土壤消毒 用25%多菌灵可湿性粉剂，每平方米用量10克，拌细干土1千克，撒在土表，或耙入土中，然后播种；也可选用福尔马林，每平方米用药液20～30毫升，加水

2.5～3升，均匀喷洒于土表，然后用薄膜覆盖，密闭2～3天后揭开覆盖物，晾晒10天左右，待药气散发后再播种或定植。

(4)药剂防治　定植前在幼苗上喷50%多菌灵500倍液或50%速克灵可湿性粉剂2 000倍液，重点喷植株茎部，可明显预防菌核病的发生。发病初期，可喷50%扑海因可湿性粉剂1 500倍液或40%菌核净可湿性粉剂1 500倍液、70%甲基托布津可湿性粉剂2 000倍液。每7～10天喷1次，连喷2～3次。最好进行交替用药。棚室可选用10%速克灵烟剂或45%百菌清烟剂，每667平方米每次用200～250克熏蒸。

(十)根腐病

1. 症状　根腐病俗称烂根。多在定植后发病，病菌一般只侵染根和茎基部。初染病时，出现水浸状淡褐色斑点，后皮层上病斑扩大呈淡褐色至深褐色腐烂。腐烂皮层极易剥离，露出暗褐色的木质部。病变的木质部不向植株上部发展，植株上部木质部完好不呈褐色。初发病时枝叶中午萎蔫，在早、晚恢复正常，反复多日后植株枯死。

2. 传播途径及发病条件　此病由真菌引起。病菌以厚垣孢子、菌核、菌丝体在病残体上于土壤中越冬，成为翌年主要初侵染源，借雨水或灌溉水传播蔓延。高温、高湿有利于发病，土质粘重、土壤湿润、连作地、低洼地、农家肥施用不足或未经腐熟均易引起发病。

3. 防治方法

(1)农业防治　与禾本科作物实行3～5年轮作。施用腐熟的农家肥。注意控制土壤湿度，不能大水漫灌，浇水也不能太勤，防止田间积水，避免棚室内湿度过高。

(2)药剂防治　可用75%百菌清1 000倍液或50%多菌灵800倍液、25%瑞毒霉1 000倍液。每7～10天喷1次，连喷

2～3次。上述药剂最好交替使用。

(十一)根结线虫病

此病是近几年危害甜(辣)椒及其他蔬菜非常严重的病害。

1. 症状 病株生长不足，叶片发黄，追肥后仍不能恢复。病株根系不发达，主、侧根局部膨大，形成根结。剖视根结，显微镜下可见其中有白色洋梨形的雌线虫。

2. 传播途径及发病条件 病原线虫主要在土壤中生存，以2龄幼虫或卵随病残体遗留在土壤中越冬，翌年条件适宜时，越冬卵孵化为幼虫，幼虫继续发育侵入寄主。根结线虫随病土、病苗及灌溉水传播。地势高燥、土壤质地疏松、盐分含量低的地块适宜线虫活动，有利于发病；多年连作地发病重。

3. 防治方法

(1)农业防治 实行轮作，加强田间管理。选用无病土育苗。

(2)药剂防治 整地时用氯化苦消毒土壤，杀死土中线虫。生长期间发生线虫，用50%辛硫磷乳油1 500倍液或80%敌敌畏乳油1 000倍液、90%敌百虫800倍液灌根，每株灌药液200～300毫升，一般灌治一次即可。

二、甜(辣)椒虫害防治

甜(辣)椒的虫害主要有蚜虫、烟青虫、温室白粉虱等。

(一)蚜 虫

1. 危害症状 菜蚜在叶片上吸取汁液，造成叶片卷缩变形，并大量分泌蜜露污染蔬菜，诱发煤污病。除直接危害蔬菜外，蚜虫还是病毒病的传播媒介，引起的损失比蚜虫本身导致的损失更大。

2. 发生规律 菜蚜在北方一年发生10多代，在南方可发生40多代。在温暖干燥的条件下，气温为18℃～25℃、空气相对湿度在75%以下时，菜蚜可以大量繁殖。春末夏初和秋季是其危害高峰期。蚜虫的天敌有瓢虫、蚜茧蜂、食蚜蝇和草蛉等，对蚜虫的危害能起到一定的制约作用。

3. 防治方法

(1)农业防治 夏季可少种或不种十字花科蔬菜，并且结合间苗清洁田园，减少蚜源和毒源。

(2)利用银灰膜避蚜 在田间铺设银灰色薄膜，或在植株上方挂银灰色薄膜，可避蚜及防病毒病。

(3)药剂防治 每667平方米用50%避蚜雾可湿性粉剂10～18克，对水30～50升喷雾。或用50%马拉硫磷乳油1 000倍液、40%乐果乳油1 000倍液、20%杀灭菊酯乳油1 500倍液、一遍净可湿性粉剂1 000倍液喷雾。每5～7天喷1次，连喷2～3次。

(二)烟 青 虫

烟青虫又叫烟夜蛾。全国均有发生。主要危害甜(辣)椒，还可危害番茄、南瓜、玉米等。

1. 危害症状 以幼虫蛀食作物蕾、花、果，也咬食叶、嫩茎和芽。果实被蛀食后引起腐烂而大量落果，产量减少。

2. 发生规律 在华北地区一年发生2代，以蛹在土中越冬。成虫傍晚最活跃，多集中在花上吸食花蜜。成虫趋光性弱，对糖醋液趋性很强。成虫前期多产卵在寄主植物中部叶片背面的叶脉处，后期产在萼片和果上。烟青虫可在番茄上产卵，但存活幼虫极少。

3. 防治方法

(1)农业防治　冬耕灭蛹，清除田间病株残体，消灭虫卵。

(2)生物防治　可用细菌杀虫剂，如通常采用500～1 000倍液的Bt(苏云金杆菌)乳剂、杀螟杆菌或青虫菌粉，可使菜青虫感染败血症而死亡，但不伤害天敌，不污染环境，具有效果高、无公害、成本低的优点。

(3)药剂防治　关键是抓住烟青虫孵化盛期至2龄幼虫期，即幼虫尚未蛀入果内时用药。可选用21%灭杀死4 000倍液或50%辛硫磷乳油1 000倍液、2.5%溴氰菊酯乳油3 000倍液、2.5%功夫乳油500倍液、10%天王星10 000倍液喷雾防治。还可采用昆虫生长调节剂进行防治，对人、畜安全，是无公害防治烟青虫的最新药剂，所用药剂有灭幼脲1号或灭幼脲3号。此类药可使烟青虫的生理发育受阻，导致死亡。但其作用缓慢，应在虫龄低时提早使用。

(三)温室白粉虱

1. 危害症状　主要在幼嫩的叶片背面为害。通过刺吸作物汁液，使叶片变黄，同时分泌蜜露引起煤污病，影响作物光合作用，造成减产。此外，白粉虱还可以传播病毒。

2. 发生规律　一年可以发生10代以上。露地在4～5月份开始活动，7～9月份危害最重。在温室中可以周年发生。

3. 防治方法

(1)农业防治　培育清洁无虫壮苗。清除田间杂草，减少中间寄主。利用黄板诱杀，挂黄板高度应与甜(辣)椒株高相同。

(2)药剂防治　苗期或定植后喷药防治，用80%敌敌畏乳油1 000倍液与50%马拉硫磷乳油1 000倍液交替喷施，有较好的防治效果。温室中可以按每667平方米用80%敌敌畏乳油15毫升、水14毫升、锯末40千克混合，分撒于甜(辣)椒株间，点燃密闭熏烟，具有良好的防治效果。

思考题

1. 棚室栽培甜(辣)椒有哪些主要病害？如何防治？

2. 棚室栽培甜(辣)椒有哪些主要虫害？如何防治？

附录1　无公害蔬菜生产禁用农药

六六六，滴滴涕，毒杀芬，二溴氯丙烷，杀虫脒，二溴乙烷，除草醚，艾氏剂，狄氏剂，汞制剂，砷、铅类，敌枯双，氟乙酰胺，甘氟，毒鼠强，氟乙酸钠，毒鼠硅，甲胺磷，对硫磷（一六〇五），甲基对硫磷，久效磷，磷胺，甲拌磷（三九一一），甲基异柳磷，特丁硫磷，甲基硫环磷，治螟磷，内吸磷，克百威（呋喃丹），涕灭威（铁灭克），灭线磷，硫环磷，蝇毒磷，地虫硫磷，氯唑磷，苯线磷，氧化乐果，水胺硫磷，灭多威（万灵）等高毒、高残留农药。

附录2　杀虫剂合理使用准则

农药名称		适用作物	防治对象	施药方法	每季作物最多使用次数	最后一次施药距收获的天数（安全间隔期）	最高残留限量参考值(mg/kg)
通用名	商品名						
阿维菌素	害极灭、爱比菌素、爱福丁	叶菜类	小菜蛾	喷雾	1	7	0.05
啶虫脒	莫比朗	黄瓜	蚜虫	喷雾	3	2	0.5
联苯菊酯	天王星	番茄（大棚）	白粉虱螨类	喷雾	3	4	0.5

续附录 2

农药名称		适用作物	防治对象	施药方法	每季作物最多使用次数	最后一次施药距收获的天数（安全间隔期）	最高残留限量参考值(mg/kg)
通用名	商品名						
丁硫克百威	好年冬	甘蓝	蚜虫	喷雾	2	7	0.05
		节瓜	蓟马	喷雾	2	7	0.8
定虫隆	抑太保	甘蓝	菜青虫 小菜蛾	喷雾	3	7	0.5
毒死蜱	乐斯本	叶菜类	菜青虫 小菜蛾	喷雾	3	7	甘蓝 1
高效氟氯氰菊酯	保得	甘蓝	菜青虫 小菜蛾	喷雾	2	7	0.5
氟氯氰菊酯	百树得	甘蓝	菜青虫	喷雾	2	7	0.5
氯氟氰菊酯	功夫	叶菜类	小菜蛾 蚜虫 菜青虫	喷雾	3	7	3
顺式氯氰菊酯	快杀敌	叶菜类	菜青虫 小菜蛾 蚜虫	喷雾	3	3	1
		黄瓜	蚜虫	喷雾	3	7	2
溴氰菊酯	敌杀死	叶菜类	菜青虫 小菜蛾	喷雾	3	2	0.2

续附录 2

农药名称		适用作物	防治对象	施药方法	每季作物最多使用次数	最后一次施药距收获的天数（安全间隔期）	最高残留限量参考值(mg/kg)
通用名	商品名						
苯丁锡	托尔克	番茄	红蜘蛛	喷雾	2	7	1
甲氰菊酯	灭扫利	叶菜类	小菜蛾 菜青虫	喷雾	3	3	0.5
氟虫腈	锐劲特	甘蓝	小菜蛾	喷雾	3	3	0.05(澳大利亚)
四聚乙醛	嘧达	叶菜类	蜗牛 蛞蝓	撒施	2	7	1
抗蚜威	辟蚜雾	叶菜类	蚜虫	喷雾	3	11	1
鱼藤酮＋氰戊菊酯	鱼藤氰	叶菜类	蚜虫 菜青虫	喷雾	3	5	氰戊菊酯 1

附录3　杀菌剂杀线虫剂合理使用准则

农药名称		适用作物	防治对象	施药方法	每季作物最多使用次数	最后一次施药距收获的天数(安全间隔期)	最高残留限量参考值(mg/kg)
通用名	商品名						
百菌清	百菌清	黄瓜	霜霉病	喷雾	4	3	1
		番茄	早疫病	烟熏	3	7	5
氢氧化铜	可杀得	番茄	早疫病	喷雾	3	3	0.1
异菌脲	扑海因	油菜	菌核病	喷雾	2	50	油菜籽0.2
代森锰锌	大生、喷克、M-45	番茄	早疫病	喷雾	3	15	代森锰锌1
		西瓜	炭疽病	喷雾	3	21	
溴甲烷	溴灭泰	黄瓜	线虫	土壤处理	1	60	溴离子50
腐霉利	速克灵	黄瓜	灰霉病 菌核病	喷雾	3	1	2
氟菌唑	特富灵	黄瓜	白粉病	喷雾	2	2	2
乙烯菌核利	农利灵	黄瓜	灰霉病	喷雾	2	4	5
丁、戊、己二酸酮	琥胶肥酸铜、DT	黄瓜	角斑病	喷雾	4	3	铜5
甲霜灵+代森锰锌	雷多米尔、锰锌	黄瓜	霜霉病	喷雾	3	1	甲霜灵0.5
恶霉灵+代森锰锌	杀毒矾	黄瓜	霜霉病	喷雾	3	3	恶霉灵5

续附录 3

农药名称		适用作物	防治对象	施药方法	每季作物最多使用次数	最后一次施药距收获的天数(安全间隔期)	最高残留限量参考值(mg/kg)
通用名	商品名						
络胺铜锌＋柠檬酸铜＋硫酸四氨络合铜	抗枯灵	西瓜	枯萎病	灌根喷雾	3	40	铜 20 锌 50
霜脲氰＋代森锰锌	克露	黄瓜	霜霉病	喷雾	3	2	番茄(霜脲氰)2
二甲戊乐灵	施田补除草通	叶菜	杂草	土壤处理	1		0.2
复硝酚钠	爱多收	番茄	调节作物生长	喷雾	2	7	0.05～0.2
邻－硝基苯酚铵＋对－硝基苯酚铵＋2,4 二硝基苯酚铵	多效丰产灵	白菜	促进生长	喷雾	2	7	ONPNa 0.1 PNPNa 0.05 5NGNa 0.02